Rolf Emmermann,
Reinhold Ollig (Hrsg.)

Feuer, Wasser, Erde, Luft

WILEY-VCH

WILEY-VCH GmbH & Co. KGaA

Impressum

Herausgeber:
Prof. Dr. Rolf Emmermann, Präsident der Alfred-Wegener-Stiftung
Reinhold Ollig, Bundesministerium für Bildung und Forschung

Autoren:
Horst Rademacher (system erde)
Dr. Erwin Lausch (luft)
Dagmar Röhrlich (feuer)
Dr. Wiebke Rögener (wasser)

Konzept: Walter Iser, Manfred Schmidt
Redaktion: Wolfgang Richter
Redaktionsassistenz bei „system erde": Cathrin Klitzsch, Andreas Loos
Gestaltung: Claudia Oly, Christian Weber
iserund**schmidt**, Kreativagentur für PublicRelations, Bad Honnef - Berlin

Den Autoren und allen, die das Buch durch Bilder, Ideen und Texte bereichert haben, sei an dieser Stelle herzlich gedankt. Besonderer Dank gilt Helga Frankenstein, Albert Gerdes, Jörn Lauterjung und Franz Ossing, die durch wertvolle Hinweise und sorgfältige Korrekturen dafür gesorgt haben, dass das vorliegende Buch auf dem aktuellsten Stand ist.

Bibliografische Informationen der Deutschen Bibliothek
Die Deutsche Bibliothek verzeichnet diese Publikation in der Deutschen Nationalbibliografie; detaillierte bibliografische Daten sind im Internet über http://dnb.ddb.de abrufbar.

ISBN 3-527-40447-3

Satz: **iser**und**schmidt**, Bad Honnef - Berlin
Druck und Bindung: Druckhaus Darmstadt, Darmstadt
Printed in the Federal Republic of Germany

Bundesministerium
für Bildung
und Forschung

wissenschaft im dialog

www.planeterde.de

planeterde®
Welt der Geowissenschaften

Klimawandel, Abschmelzen der Gletscher, Hochwasser, Desertifikation, Erdbeben, Vulkanausbrüche, Trinkwasserknappheit, Nutzung alternativer Energien – die Medien sind voll von Themen über den Zustand unseres Planeten. Geowissenschaftlerinnen und Geowissenschaftler arbeiten am Puls der Zeit: Die nachhaltige Sicherung des menschlichen Lebensraums und der Ressourcen sowie der Schutz vor Naturkatastrophen gehören ohne Frage zu den wichtigsten globalen Aufgaben des 21. Jahrhunderts.

Das vorliegende Buch richtet sich an alle, die sich aus erster Hand über die aktuellen Forschungsthemen in den Geowissenschaften informieren wollen. Die Texte sind im Zusammenhang mit der vom Bundesministerium für Bildung und Forschung ausgerufenen Initiative „planet erde. Jahr der Geowissenschaften" entstanden, die im Jahr 2002 bei über 2500 öffentlichen Veranstaltungen fast eine Million Besucher anzog. Die Forscherinnen und Forscher haben in diesem Jahr ein Experiment gewagt. Sie sind alle für einige Tage aus ihren Labors und Instituten auf die Straße gegangen und haben auf Bahnhöfen, Marktplätzen und Schiffen, in Schulen, Kaufhäusern und mitten im Trubel der Großstädte ihre Forschungsergebnisse unter die Leute gebracht. „Pure, sinnvolle Unterhaltung" – schrieb ein begeisterter Besucher in das Gästebuch der Veranstaltung auf dem Kölner Neumarkt. Eben das versuchen die hier in einem allgemeinverständlichen Buch zusammengefassten Themenhefte auch zu sein. Die Texte sind von anerkannten Wissenschaftsjournalisten in Zusammenarbeit mit international renommierten Experten geschrieben und von einer Kommunikationsagentur schließlich in eine grafisch und textlich inspirierende Form gebracht worden.

Feuer, Wasser, Erde, Luft – nach den vier Elementen ist das Buch strukturiert. Aber kein Element existiert für sich allein. Letztlich geht es immer um das Zusammenwirken der einzelnen Sphären im gesamten System Erde. Der Planet Erde in all seinen Facetten, Jahrmillionen währende Prozesse und rezente Kreisläufe – das sind die Themen der internationalen Community der Geowissenschaftler, selbst ein großes lebendiges System, das ständig in Bewegung ist.

Den Autoren und allen, die das Buch durch Bilder, Ideen und Texte bereichert haben, sei an dieser Stelle herzlich gedankt.

Rolf Emmermann
Präsident der Alfred-Wegener-Stiftung

Reinhold Ollig
Bundesministerium für Bildung und Forschung

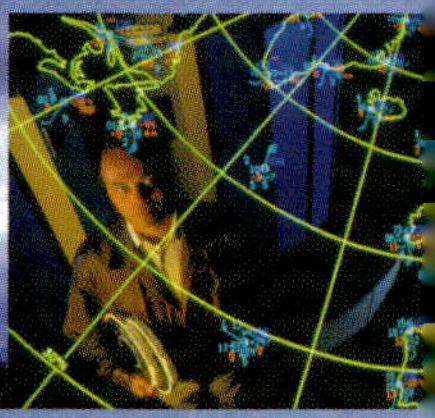

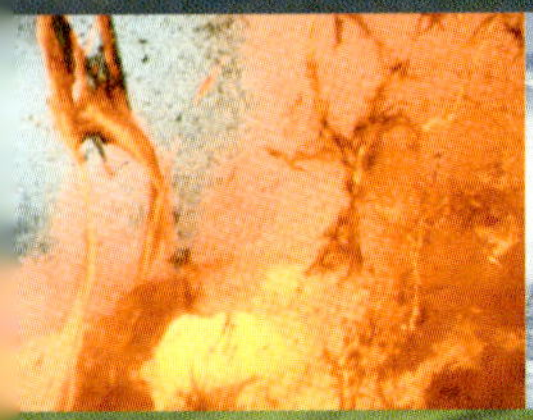

system

luft

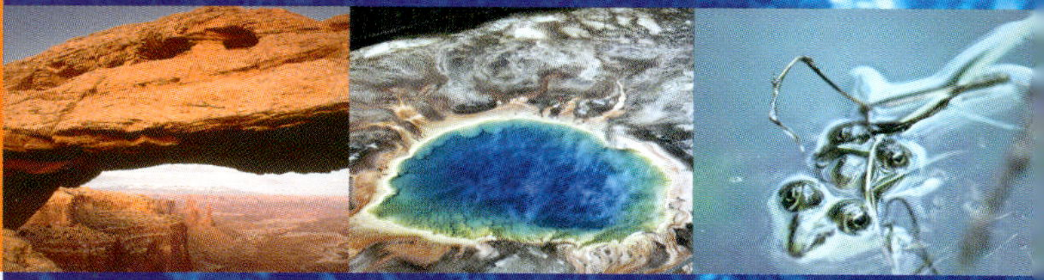

feuer

wasser

system
erde
2002 - jahr der geowissenschaften

feuer

Die Entnahme von Lava-Proben am Vulkan Kilauea auf Hawaii. Die Zusammensetzung der Schmelze und der Gasgehalt verraten, wie gefährlich der Vulkan ist.

Kilauea auf Hawaii ist eher ein gutmütiger Typ. Nur sehr langsam schiebt sich sein Lavastrom den Hang hinab, außen schon an vielen Stellen hart und verkrustet. Im Inneren dieses zähen Breis aber glüht das geschmolzene Gestein noch orangerot, und auch wenn es Stunden dauert, bis sich die Lavafront um hundert Meter abwärts gewälzt hat – aufhalten kann sie keiner. Doch können die Menschen ihr ohne Eile ausweichen, und so kommt fast nie jemand zu Schaden.

Von wesentlich aufbrausenderem Charakter ist dagegen der Vulkan Pinatubo auf den Philippinen. Bricht er aus, schießt heißes, pulverisiertes Gestein mit Geschwindigkeiten von mehr als 200 Kilometern pro Stunde aus dem Vulkanschlot. Etliche Kubikkilometer Material werden so innerhalb von wenigen Stunden ausgestoßen. Der feine Staub dringt 30 Kilometer hoch in die Stratosphäre ein – mit verheerenden Folgen für Pflanzen, Tiere und auch die in der Nähe des Vulkans lebenden Menschen.

Ob langsamer, geradezu sanfter Lavafluss auf Hawaii oder die röhrend explosive Eruption auf den Philippinen: Die Ursache für jede vulkanische Tätigkeit ist das Feuer im Inneren der Erde. Jeder, der einmal in ein Bergwerk eingefahren ist, hat gespürt, dass es umso wärmer wird, je tiefer man gelangt. Die Temperatur in der Erdkruste nimmt alle hundert Meter um etwa 3 Grad zu. Die Bergleute in den 1200 Meter tiefen Kohlegruben nördlich der Ruhr wären Temperaturen von 50 Grad ausgesetzt, gäbe es keine Frischluftzufuhr in den

oben: Gewaltige Eruptionen und 7000 Grad Hitze: die Oberfläche der Sonne. Genauso heiß ist es im Inneren der Erde.

links: Wie in einem Kochtopf auf dem Herd wird im Erdinneren warmes Material nach oben transportiert, kaltes dagegen ist schwerer und sinkt ab. Diese kühleren Strömungen sind in der Modellgrafik braun-rot dargestellt.

Schächten. Die Kontinentale Tiefbohrung in der Oberpfalz – eines der tiefsten Bohrlöcher der Welt – reicht 9 Kilometer weit nach unten. Dort ist es dann schon 270 Grad heiss.

Solche Temperaturen sind aber mild im Vergleich zur Höllenhitze unter einem Vulkan. In manchen Laven wurden Temperaturen von 1400 Grad Celsius gemessen. Und tief im Inneren der Erde ist es sogar noch heißer. Im unteren Erdmantel in 2900 Kilometern Tiefe, an der Grenze zum Erdkern, herrschen schon 3000 Grad. Im Mittelpunkt der Erde dürften es sogar zwischen 5000 und 7000 Grad sein – genauso heiß wie auf der Sonnenoberfläche.

Wie das Feuer auf die Erde kam

Als die Erde vor mehr als vier Milliarden Jahren aus einem großen Feuerball entstand, sanken bei der langsamen Abkühlung vor allem die schweren Elemente zum Erdmittelpunkt. Die leichten Materialien sammelten sich an der Oberfläche und bildeten die Grundlage für die späteren Kontinente. Der Erdkern besteht deshalb vor allem aus den relativ schweren Elementen Eisen und Nickel. Wegen seiner Lage in der Mitte der Erdkugel lastet auf ihm ein enormer Druck. Der führt dazu, dass der Kern trotz der höllischen Temperaturen nicht schmilzt. Im Erdmantel sind die Temperaturen zwar niedriger – dafür aber auch der Druck. Deshalb kann sich das Gestein dort ausdehnen und in zähflüssiges Magma verwan-

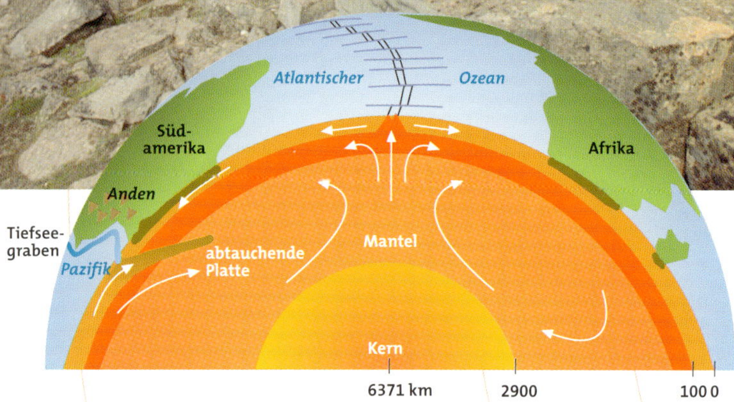

Mitten durch den Atlantik verläuft unter Wasser ein riesiges Gebirge: der Mittel atlantische Rücken. Hier reißen zwei Platten auseinander, gut sichtbar in Islan dem höchsten Punkt des Gebirges (Bild links). Magma fließt nach, erkaltet un bildet neues Gestein (Grafik). An anderer Stelle entstehen durch das Abtauche der schweren pazifischen Platte unter Südamerika (Grafik) ein Tiefseegrabe und die gefährlichen Vulkane in den Anden (Bild oben).

deln. Geheizt wird diese brodelnde Masse vom festen Erdkern, der – zum Beispiel durch den Zerfall radioaktiver Elemente – laufend Wärme erzeugt. Doch nun kommt auch noch Bewegung in die Sache: So wie die Auftriebskraft einen Heißluftballon steigen lässt, beginnt nämlich auch das heiße Magma aus dem tiefen Erdinneren in die kühleren Regionen weiter oberhalb aufzusteigen. An anderer Stelle sinkt kaltes Material von oben wieder nach unten ab. Ein ähnlicher Vorgang findet auch in einem Kochtopf auf dem Küchenherd statt. Aus der Mitte des Topfes steigt warmes Wasser nach oben, kühlt dort ab und sinkt an den Seiten zurück nach unten. Auf der warmen Herdplatte dauert dies Sekunden, im Inneren der Erde Millionen Jahre. Denn das Magma bewegt sich im Vergleich zum Wasser unendlich langsam.

Magma als Motor

Genau diese Bewegung des Magmas ruft die verheerenden Vulkanausbrüche und Erdbeben auf der Erdoberfläche hervor. Der Grund: Durch die zähe Umwälzung der Schmelze werden die verschiedenen Platten der Erdkruste fortwährend gegeneinander verschoben. Ein gutes Dutzend unterschiedlich großer Schollen, die die Kontinente und Ozeane bilden, schwimmen wie ein nie fertig werdendes Puzzle auf der Oberfläche des großen, glutflüssigen Meeres im Inneren der Erde. Diese Bewegung lässt sich heute mit Hilfe von Satelliten genau messen. Sie beträgt je nach Platte zwischen wenigen Millimetern und 10 Zentimetern pro Jahr.

Dort, wo solche Platten aneinander stoßen – etwa in Kalifornien, Japan oder an der Westküste Südamerikas – „kleben" die beiden Gesteinsschollen durch Reibung aneinander. Wächst jedoch der Druck, der beide Platten aufeinander treibt, lädt sich die Kontaktstelle immer mehr mit innerer Spannung auf. Irgendwann entlädt sich diese dann in einem Erdbeben. Die mechanische Energie, die bei solch einem Ruck frei wird, ist gewaltig. Millionen Tonnen von Gestein werden innerhalb von Bruchteilen von Sekunden zum Teil mehrere Meter weit gegeneinander verschoben – und das auf einer Länge von bis zu 200 Kilometer. Es entstehen Erdbebenwellen, die sich mit Geschwindigkeiten von mehreren Kilometern pro Sekunde ausbreiten und bei heftigen Beben den ganzen Globus mehrfach umrunden können.

Wenn sich das Feuer Luft macht

Bei Vulkanausbrüchen macht sich das glutflüssige Magma, das den weitaus größten Teil der Masse unseres Planeten ausmacht, noch wesentlich direkter bemerkbar. Auf – grob vereinfacht – drei verschiedenen Wegen gelangen dabei die Eingeweide der Erde ans Tageslicht: Dort, wo zwei Platten sich voneinander entfernen, strömt langsam und stetig flüssige Lava nach. So wird an die Ränder

ellitenbild von der Vulkankette Hawaiis. Über den Schlot im Erdmantel ibt die pazifische Platte von Südosten nach Nordwesten. Die rechte Insel t dem Vulkan (Kilauea) ist die jüngste.

Lavawülste auf Island. Sie entstehen, wenn eine bestimmte Sorte Lava langsam erkaltet, während sie sich voranschiebt.

der Platten neues Gesteinsmaterial „angebaut". Auch mitten in einer Platte kann ein Vulkan entstehen, wenn flüssiges Magma aus dem tiefen Erdmantel durch einen dünnen Kanal nach oben steigt. Die Insel Hawaii ist dafür das beste Beispiel. Hier fließt Lava mehr oder weniger ruhig aus der Erde heraus. Da dieser „Hotspot" immer an der gleichen Stelle bleibt, die pazifische Platte sich aber bewegt, liegt hinter Hawaii eine ganze Kette erloschener Vulkane. An dieser Inselkette kann man sehr gut die Bewegungsrichtung der Scholle ablesen. Die gefährlichste Vulkanvariante entsteht, wenn sich – wie zum Beispiel in den südamerikanischen Anden – eine schwere ozeanische Platte schräg unter eine leichte Kontinentalplatte schiebt. Hierbei transportiert die abtauchende Platte Wasser ins Erdinnere, das in einer bestimmten Tiefe die Schmelzeigenschaften der Gesteine dramatisch verändert. Blasen mit zähflüssigem Magma bilden sich und steigen nach oben. An der Erdoberfläche entstehen dort Vulkane, wie zum Beispiel die Vulkankette in den Anden. Jedoch erkaltet das Magma häufig auf dem Weg nach oben und bildet nun einen verhängnisvollen „Pfropf". Wird der aufgestaute Druck durch das nachdrängende Magma zu groß, fliegt der Propf wie bei einer Sektflasche heraus. Die Folge ist eine heftige Eruption.

In der Eifel finden sich zahlreiche erloschene Vulkane. Ihre trichterförmigen Krater (Maare) bilden heute Seen.

Aktive Vulkane gibt es in Deutschland nicht, dennoch findet man auch hier zu Lande Spuren ehemaliger Feuerberge: am Kaiserstuhl im Oberrheintal, am Vogelsberg, im Hegau, im Siebengebirge und vor allem in der Eifel. Mehr als 240 Vulkane und kleinere Ausbruchsstellen haben Geologen zwischen Mosel, Rhein und Ardennen entdeckt, 59 davon sind Maare. Dabei handelt es sich um trichterförmige Vulkankrater. Die meisten dieser runden, oft von einem Wall umgebenen Trichter sind mit Wasser gefüllt. Eifelmaare haben einen Durchmesser von bis zu 1,7 Kilometer und sind bis zu 180 Meter tief. Der größte See in der Eifel, der Laacher See, entstand nach einem Vulkanausbruch vor 12.600 Jahren. Heute sind die Vulkane in der Eifel zwar erloschen, jüngste Forschungen haben aber gezeigt, dass unter diesem Mittelgebirge noch immer große Mengen heissen Magmas schlummern.

erde

großes Bild: Berge in Kirgistan

rundes Bild: Das Schwerefeld der Erde ist nicht gleichmäßig. In 15.000facher Überhöhung ähnelt es eher einer Kartoffel.

Vor 400 Jahren, als noch niemand ernsthaft an die Raumfahrt dachte, stellte der deutsche Astronom Johannes Kepler seine Gesetze zur Himmelsmechanik auf. Ellipsen spielen darin eine wichtige Rolle: Die Bahn der Erde um die Sonne beschreibt ein solches Oval, auch der Mond und alle Satelliten folgen Ellipsenbahnen. Der künstliche Erdtrabant mit dem Namen CHAMP, der am 15. Juli 2000 vom russischen Kosmodrom in Plesetsk gestartet wurde, gehorcht ebenfalls den Keplerschen Gesetzen. Trotzdem bewegt sich dieser in Deutschland entwickelte Satellit – wenn man genau hinschaut – nicht entlang einer reinen Ellipse. Seine Umlaufbahn hat viele Beulen und Dellen.

Die blaue Kartoffel wird umgepolt

Die Gesetze der Himmelsmechanik müssen deshalb aber nicht neu geschrieben werden. Die torkelnde Bahn von CHAMP spiegelt nur jene Unregelmäßigkeiten wieder, die im Schwerefeld der Erde herrschen. Denn so wie seine Bahn keine Ellipse, ist auch die Erde keine Kugel.

Schaut man sich die Erde genauer an, hat sie eher die Form einer unregelmäßigen Kartoffel. So wird zum Beispiel das Wasser in den Weltmeeren an unterschiedlichen Stellen auf dem Globus verschieden stark angezogen. Dadurch liegt etwa der Meeresspiegel des Indischen Ozeans 120 Meter tiefer als der des Pazifik. Der Grund: Die zähe Gesteinsschmelze im Inneren der Erde – wegen ihrer großen Masse hauptverantwortlich für die Erdanziehung – ist nicht gleichmäßig verteilt. Sie ähnelt eher dem Inneren einer „Lavalampe“: Flüssigkeiten unterschiedlicher Dichte wabern dort zähflüssig umeinander, zusätzlich in Bewegung gebracht durch die Wärme einer Lampe am Sockel. Aus der genauen Analyse der Bahn von CHAMP können Geowissenschaftler diese Unregelmäßigkeiten im Erdinneren berechnen und dabei mehr über den Aufbau der Erde erfahren.

Das bewegte Innere unseres Planeten ist auch Ursache für ein weiteres Phänomen, das dieser Satellit erforscht. Schon die Wikinger nutzten es zur Navigation auf dem Meer – das Magnetfeld der Erde. Es wird in 3000 Kilometern Tiefe „produziert“: Den festen inneren Erdkern, der ständig rotiert, umfließt der flüssige äußere Kern aus viel Eisen und ein wenig Nickel. Angetrieben durch Temperatur- und Dichteunterschiede und die schnelle Drehung der Erde bilden sich im flüssigen Kern komplizierte Strömungen aus. Weil das flüssige Metall ein guter elektrischer Leiter ist, erzeugen diese Strömungen wie in einem Dynamo ein magnetisches Feld – das Magnetfeld der Erde. Da im Inneren der Erde aber alles in Bewegung ist, sind die so entstehenden magnetischen Nord- und Südpole nicht von ewiger Dauer. So hat sich in der Geschichte der Erde das Magnetfeld schon etwa 30 mal umgepolt. In zwei bis viertausend Jahren wird dies wieder der Fall sein – und schon heute kann man feststellen, dass das Erdmagnetfeld stetig abnimmt.

Erdkunde von oben

Die Satellitentechnik bietet den Geowissenschaftlern auch auf vielen anderen Gebieten Hilfe. Inzwischen umkreisen nämlich Dutzende von Fernerkundungssatelliten die Erde. Ihre Sensoren – von digitalen Kameras bis zu Messgeräten für Wärmestrahlung – geben den Wissenschaftlern nicht nur eine neue Perspektive

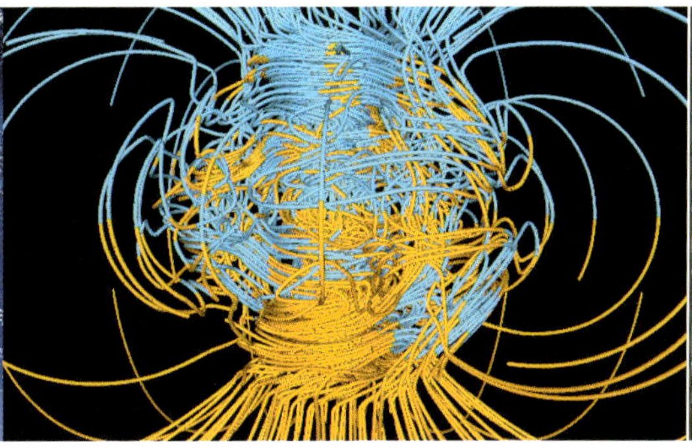

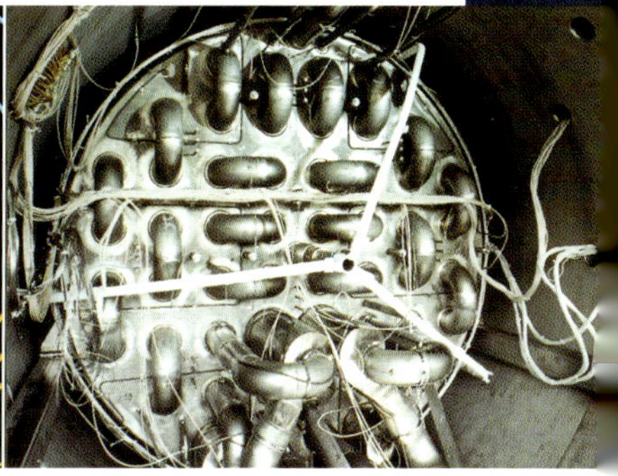

links: Der deutsche Geoforschungssatellit CHAMP. Mit ihm vermessen Geowissenschaftler die Form und das Magnetfeld der Erde.

mitte: Das Magnetfeld der Erde, das die Kompassnadeln ausrichtet. Diese Simulation zeigt die Feldlinien des Erdmagnetfeldes: Blaue führen in Richtung Erdkern, gelbe aus dem Kern heraus.

rechts: Im Labor konnte mit flüssigem Natrium die Entstehung des Erdmagnetfeldes im Kleinen simuliert werden. Das Natrium bewegte sich so, wie man es im flüssigen Erdkern vermutet und erzeugte ein stabiles Magnetfeld.

bei der Untersuchung von Gesteinen und Gebirgen. Die Auswertung der Satellitenbilder erleichtert auch die Suche nach neuen Rohstoffen und hilft bei der Katastrophenvorsorge, beispielsweise bei der Überwachung aktiver Vulkane. Schließlich profitieren von den Bildern aus dem Orbit auch jene Forscher, die sich mit den allerobersten Schichten der Erde beschäftigen. Wie nie zuvor können die Bodenkundler heute nämlich Veränderungen in jenem Teil der Erde untersuchen, der uns alle ernährt – die Ackerkrume unserer Felder und die Böden, auf denen unsere grünen Lungen, die Gärten und Wälder wachsen. So lässt sich beispielsweise das Fortspülen fruchtbaren Bodens durch Regenwasser oder das Ausmaß von Waldschäden aus dem All leichter erkennen.

Nadelstiche und Röntgenbilder

Geowissenschaftler müssen aber nicht unbedingt in den erdnahen Weltraum hinaus, um den Geheimnissen des Inneren der Erde auf die Spur zu kommen. Oft geben auch Bohrungen in die Erdkruste neue Informationen. Allerdings sind selbst 10 Kilometer tiefe Bohrlöcher verglichen mit dem Erddurchmesser von 12600 Kilometern nur kleine Nadelstiche in die Haut der Erde. Seit 1968 haben mehrere hundert Forscher von zwei Schiffen aus den Ozeanboden an vielen Tausend Stellen in allen Weltmeeren angebohrt, von der stürmischen Küste Labradors bis zu den Falkland-Inseln, von der Südsee bis zum Polarmeer. Bei diesen Bohrungen wurde auch die Theorie bestätigt, dass die Erdoberfläche aus verschiedenen beweglichen Platten besteht. Der deutsche Geophysiker Alfred Wegener hatte dies 1912 postuliert. So fanden die Forscher heraus, dass der Meeresboden immer älter wird, je weiter er von den so genannten mittelozeanischen Rücken entfernt liegt. Dort befindet sich nach der Theorie der „Plattentektonik" die Kinderstube der Ozeanschollen: Zwei Platten entfernen sich voneinander, in die entstehende Lücke fließt immer neues Magma nach (siehe Seite 12).

Forschungsbohrungen finden auch an Land statt. So erreichten Forscher im Rahmen des Kontinentalen Tiefbohrprogramms der Bundesrepublik Deutschland (KTB) in der bayerischen Oberpfalz eine Tiefe von 9101 Meter. Das Gestein, auf das sie in dieser Tiefe stießen, war nicht mehr hart und spröde, sondern weich und nachgiebig. Zum ersten Mal hatte man die feste obere Erdkruste verlassen und war in das Reich des zähflüssigen Erdinneren vorgestoßen. Eine solche Forschungsbohrung unterscheidet sich grundsätzlich von einem Loch, das man mit einer Bohrmaschine in eine Zimmerwand bohrt. Die Erde wird nämlich mit kranzförmig angeordneten „Rollenbohrern" angebohrt. Statt lästigem Staub liefert dieses Gerät runde Bohrkerne – wertvolle Gesteinsproben aus der Tiefe. Sie werden sorgfältig archiviert und aufbewahrt, damit Geowissenschaftler sie auch

Der 83 Meter hohe Bohrturm des Kontinentalen Tiefbohrprogramms in der Oberpfalz. Damit haben sich Wissenschaftler mehr als neun Kilometer tief in die Erdkruste gebohrt.

Solche Bohrmeißel fraßen sich dabei durch das Gestein. Die mit Hartmetall besetzten Stahlkegel rotieren gegeneinander.

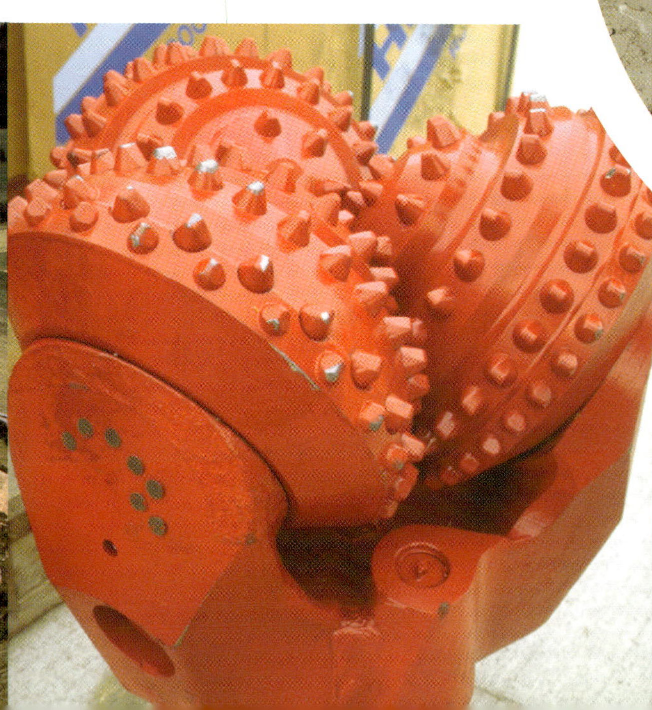

noch nach Jahrzehnten untersuchen können. Die Forscher analysieren dabei unter anderem die chemische Zusammensetzung und den inneren Aufbau des Gesteins. Das Ziel: herauszufinden, ob sich die Gesteine aus der Tiefe von den Felsen an der Erdoberfläche unterscheiden – und so etwas von den Geheimnissen des Erdinneren offenbaren.

Die bisher zuverlässigsten Informationen über das Erdinnere stammen aber aus der Erdbebenkunde. Jedes Beben erzeugt seismische Wellen, die sich durch die gesamte Erde und entlang ihrer Oberfläche ausbreiten. An jeder Grenzschicht, beispielsweise beim Übergang vom Erdmantel zum Erdkern, werden diese Wellen reflektiert – und senden somit Informationen über diese Schichtgrenze zurück zur Erdoberfläche. Werden sie dort mit Seismometer-Netzen aufgefangen – weltweit gibt es schon mehr als 1000 Stationen – sind sie für die Forscher wie Röntgenstrahlen, die den fiebrigen Körper unseres Planeten durchleuchten können.

Ganz in der Nähe von Darmstadt wurde in einer Grube über 100 Jahre lang Ölschiefer abgebaut. Aus diesem bröseligen Gestein gewannen die Betreiber nicht nur Rohöl, Paraffin und Schwarzfarben – immer wieder kamen auch wunderschön erhaltene Versteinerungen zu Tage. Eine wissenschaftliche Sensation war der Fund eines etwa einen halben Meter großen, antilopenartigen Säugetieres. Es stellte sich heraus, dass es sich dabei um ein zirka 50 Millionen Jahre altes Fossil eines Urpferdchens handelte. Dessen Vorderbeine hatten je drei, die Hinterbeine je vier Hufe. Es war aber kein Grasfresser wie alle heutigen Pferde. Stattdessen fraß es Blätter von Sträuchern und sogar Weintrauben. Zu den Prunkstücken der Messeler Fossilien gehören auch mehrere Fledermäuse (Bild), von denen sogar noch die Flughäute erhalten sind. Inzwischen ist der Tagebau längst eingestellt und die Grube Messel als eine der wichtigsten Fossilfundstätten Europas durch die UNESCO zum Weltnaturerbe erklärt worden.

unten links: Erdbeben breiten sich in Wellen aus (hier: Beben in der Türkei vom 17.08.99). Fester Boden kann dabei zerreißen.

unten rechts: Schon vor fast einhundert Jahren zeichnete der Göttinger Geophysiker E. Wiechert mit diesem Seismografen Erdbebenwellen auf.

wasser

Es gibt Gegenden auf der Erde, da fühlt man sich in ein Mathematikbuch versetzt. Der Begriff „Unendliche Ebene“ bekommt plötzlich eine – je nach Temperament – erschreckende oder faszinierende Realität: Wer sich auf dem Filchner-Ronne-Schelfeis in der Antarktis einmal um sich selbst dreht, sieht bis zum Horizont weder Fels, noch Fluss, noch Pflanze oder gar ein Tier. Gegen das eintönige, bügelglatte Weiß dieser Eisfläche ist jede Wüste ein heimeliger Ort. Nur bei sehr genauem Hinsehen lässt sich ein schwaches Relief auf dem Boden ausmachen: Der ständig wehende Wind hat den Schnee zu kleinen, nur wenige Zentimeter hohen Rippeln aufgeworfen.

Das Filchner-Ronne-Schelfeis schwimmt auf dem südlichen Polarmeer. Der im Durchschnitt 600 Meter dicke Eispanzer ist eineinhalb mal so groß wie Deutschland. Gespeist wird das Schelfeis von den Hochflächen im Inneren des antarktischen Kontinents. Ohne Unterlass bewegt sich das Eis des Südpols in Form von riesigen Gletschern und Eisströmen auf die Küsten zu. Dort schwimmt es dann auf dem Meer, denn Eis hat eine geringere Dichte als Wasser. Das Eis kriecht dabei so langsam wie eine Schnecke und legt in jedem Jahr nur einige Kilometer zurück.

Der nasse Planet

Mehr als 70 Prozent der Erdoberfläche sind von Wasser bedeckt, insgesamt ein Volumen von fast 1,4 Milliarden Kubikkilometern. Diese Menge würde ausreichen, um ganz Europa unter einer 140 Kilometer hohen Wasserschicht zu versenken. 97 Prozent sind Salzwasser in den Ozeanen, lediglich 3 Prozent trinkbares Süßwasser. Aber auch davon ist nur der kleinste Teil als Wasser verfügbar, denn mehr als 92 Prozent allen Süßwassers ist in Eis und Schnee gebunden. Ein ganz geringer Teil davon steckt in den Gletschern der Hochgebirge und nur knapp ein Zehntel ruht im Eis Grönlands. Der weitaus größte Teil des Süßwassers lagert dagegen tiefgefroren auf der riesigen antarktischen Landmasse oder säumt als Schelfeis deren Küste.

Jeden Winter kühlt das Meerwasser unter dem Schelfeis stark aus und gefriert. Das im Meerwasser gelöste Salz wird dabei aber nicht in die Eiskristalle eingebunden, wodurch sich der Salzgehalt des ungefrorenen Wassers leicht erhöht. Der größere Salzanteil und seine kalte Temperatur von unter null Grad geben diesem Wasser eine höhere Dichte und es beginnt zu sinken. Quasi als riesengroßer „Wasserfall im Wasser“ stürzt es an der Kante des antarktischen Kontinents herunter. Dieses kalte, salz- und sauerstoffreiche „antarktische Bodenwasser“ gewinnt dabei soviel Schwung, dass es in großen Tiefen bis weit über den Äquator nach Norden vordringt.

Die deutsche Neumayer Station steht auf dem 200 Meter dicken, nahezu ebenen Ekström Schelfeis.

Pumpen für Ozeane

Das antarktische Bodenwasser ist nur ein Teil eines globalen Wassersystems, das in mehreren „Stockwerken“ in den Weltmeeren zirkuliert. Auch im hohen Norden, in der Grönlandsee, existiert ein großer „Wasserfall“, in dem ausgekühltes Oberflächenwasser in tiefere Ozeanschichten sinkt. Dieses Tiefenwasser fließt um das Kap der Guten Hoffnung herum und steigt in Äquatornähe im Indischen Ozean wieder auf. Dort wird es erwärmt und fließt als Oberflächenwasser zurück in den Atlantik, macht einen kurzen Schlenker über die subtropische Karibik und erreicht

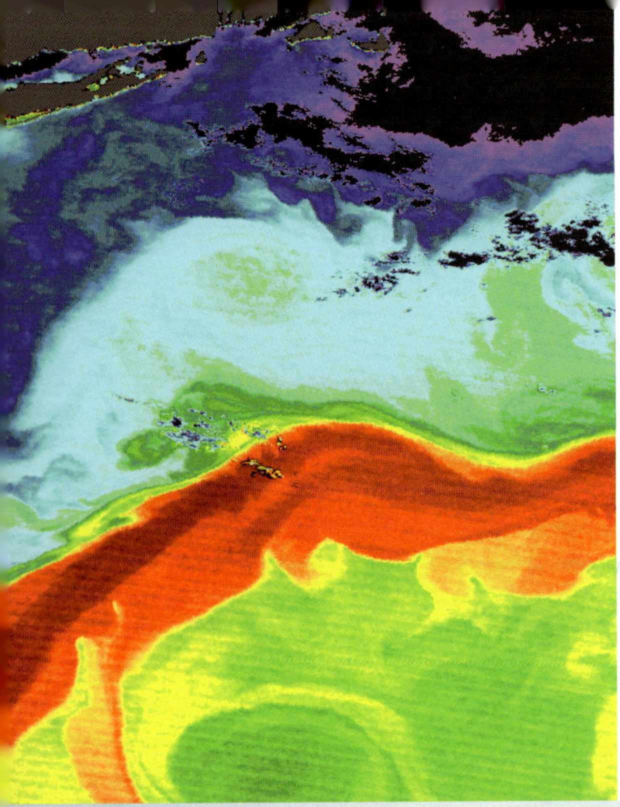

oben: In der Infrarot-Aufnahme erscheint der warme Golfstrom in roter Farbe. Der Bildbreite entsprechen etwa 500 km.

mitte links: Das Sehestedter Außendeichsmoor am Jadebusen droht, im Meer zu versinken.

mitte rechts: Auf dem Boden des Wattmeeres bilden sich Wellenmuster aus, so genannte Rippeln.

unten: Ein schwarzer Raucher, 10 Meter hoch, Lebensraum für bizarre Lebewesen. Durch den hohen Mineralgehalt speisen diese heißen Quellen am Meeresboden in 5000 m Tiefe auch riesige Erzlagerstätten.

schließlich die Küsten Nordwesteuropas. Dort sorgt dieser warme „Golfstrom" dann dafür, dass die Winter in Nordeuropa wesentlich milder sind als zum Beispiel in Kanada, obwohl beide ungefähr auf dem gleichen Breitengrad liegen.

Wenn die vom Golfstrom erwärmte Luft auf kalte Luftmassen aus der Arktis trifft, kommt es vor allem im Herbst zu Sturmtiefs an den Küsten Westeuropas. Die dort lebenden Menschen sind heute durch be-

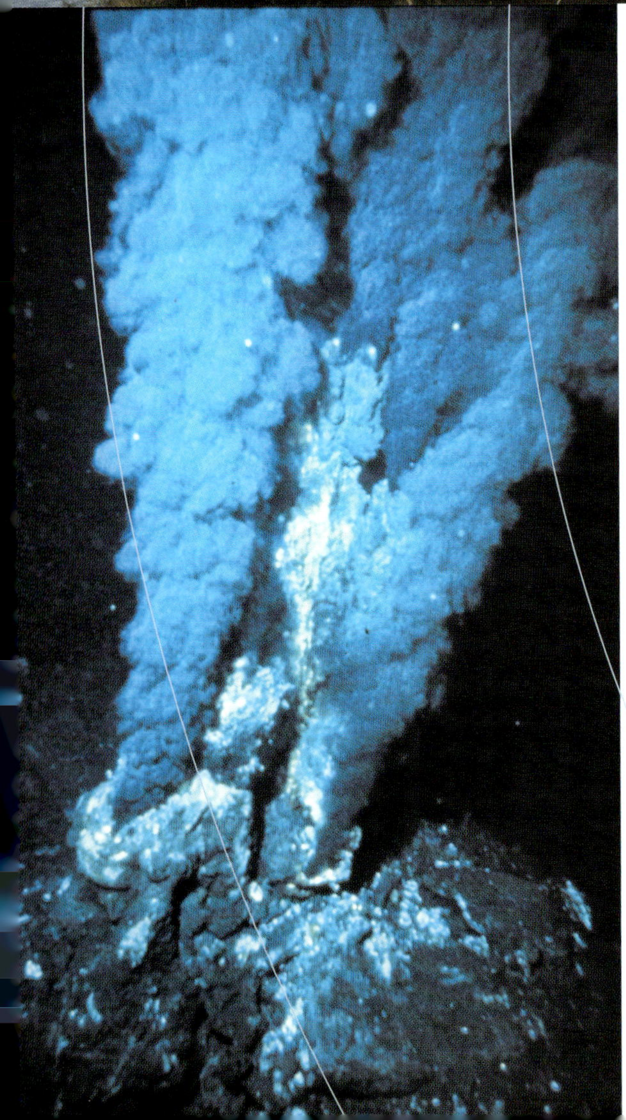

festigte Deiche recht gut geschützt – zu früheren Zeiten aber kamen die Sturmfluten manchmal einem Weltuntergang gleich. So zum Beispiel die große „Mannentränke" von 1362, bei der die nordfriesische Stadt Rungholt vollständig im Meer verschwand. Bis heute tauchen immer wieder Reste dieser Siedlung aus dem Wattboden auf.

Das weiche Wasser und der Stein

Der Jade-Busen und viele andere Buchten der Nordsee entstanden durch große Sturmfluten während des Mittelalters, und das Wasser nagt auch heute noch fortwährend an der Küste. Andererseits schwemmen die großen Flüsse auch Sediment von den Gebirgen heran und bilden neues Land. Wer am Strand von Holland steht, hat so auf jeden Fall auch einen Teil Alpen unter den Füßen.

Wasser gibt es aber nicht nur in Flüssen, im Meer und im polaren Eis – als Grundwasser liegt es direkt unter uns. Ein großer Teil davon ist fest im Gestein gespeichert; im Untergrund Hessens zum Beispiel zirka 60 Milliarden Kubikmeter, etwas mehr als das Volumen des Bodensees. Eine kleinere Menge fließt als unterirdischer Strom unter dem Bundesland hinweg. Aus ihm beziehen die Wasserwerke ihr Trinkwasser, die im Stein gespeicherte Menge dient als Reserve. In anderen Ländern, beispielsweise in England oder den

USA, wird der größte Teil des Trinkwassers aus Oberflächenwasser gewonnen, also aus Flüssen, Seen und Talsperren. In der Regel ist die Qualität von Grundwasser aber besser, weil es weder durch menschliche Verschmutzung, Überschwemmungen oder lange Dürreperioden beeinflusst wird. In vielen Ländern außerhalb Europas gibt es aber keine Alternative zum Wasser aus den Flüssen. Häufig kommt es deshalb zu Auseinandersetzungen zwischen den Menschen am Oberlauf eines Flusses und denen am Unterlauf, die sich gegen übergroße Wasserentnahmen und das Einleiten von Abfallstoffen nicht wehren können. Fließt ein Fluss durch mehrere Länder, sind Konflikte meist vorprogrammiert – wie zum Beispiel beim Irtysch in Sibirien, um dessen Nutzung sich China, Kasachstan und Russland streiten.

Gashydrate sind Feststoffe, die so ähnlich aussehen wie Trockeneis. Sie finden sich unter dem ewigen Eis der Arktis und in den Ozeanböden. Sie enthalten Methan (CH_4), das in hoher Dichte in einem festen Käfig aus Wassermolekülen eingeschlossen ist. Wissenschaftler untersuchen die weltweit vorkommenden Gashydrate, da Methan ein hoch wirksames Treibhausgas ist. Der in diesen Gashydraten enthaltene Anteil an Kohlenstoff übertrifft deutlich den Kohlenstoffanteil der bisher genutzten fossilen Brennstoffe. Methan setzt jedoch bei der Verbrennung mit gleichem Energiegewinn weniger CO_2 frei als Erdöl und Erdgas.

Im Rauch der Tiefe

Sauberes Grundwasser ist für uns lebenswichtig. Einige – recht bizarre – Bewohner unseres Planeten haben da eine ganz andere Vorstellung: Für sie muss Wasser schwarz sein, schwefelig, und am besten noch mit Eisen, Kupfer und anderen Metallen versetzt. In den siebziger Jahren entdeckten Forscher nahe den Galapagos Inseln in großer Tiefe wahre Oasen auf dem stockdunklen Meeresgrund. In der Umgebung so genannter Schwarzer Raucher – extrem heißer, mineralischer Quellen – fanden sie Muscheln, Krebse und meterlange Röhrenwürmer. Diese Lebewesen sind nicht auf Sonnenlicht angewiesen – am Anfang der Nahrungskette ihres Ökosystems stehen Bakterien, die sich von im Wasser gelöstem Schwefelwasserstoff ernähren. Der schwarze „Rauch“ entsteht dadurch, dass Wasser in Erdspalten auseinander strebender Ozeanplatten fließt. In der Tiefe wird es erhitzt und steigt mit hoher Geschwindigkeit wieder auf. Dabei löst das Wasser die Minerallien aus dem umgebenden Gestein. Interessant ist diese Welt in absoluter Dunkelheit auch deshalb, weil sie die Phantasie einer ganz anderen Gruppe von Forschern beflügelt: jenen, die sich überlegen, wie wohl das Leben auf anderen Planeten aussehen könnte.

Im Jahre 1875 hielt der schwedische Geologe Otto Torell einen Vortrag vor der Deutschen Geologischen Gesellschaft in Berlin. Als er fertig war, spendete ihm das Publikum spontan Beifall. Er hatte nämlich erstmals überzeugend erklärt, wie eine Reihe paralleler Streifen auf Kalksteinen in Brandenburg entstanden waren – es handelte sich um Gletscherschrammen, Schleifspuren eines mächtigen Eispanzers. Man mag es kaum glauben, aber es ist erst gut 125 Jahre her, seitdem wir wissen, dass in der Eiszeit große Teile Deutschlands unter kilometerdickem Gletschereis lagen. Im Norden erstreckte sich die Eisbedeckung von der Ostseeküste über die Mark Brandenburg und die Mecklenburgische Seenplatte bis zum Niederrhein. Im Süden waren das ganze Voralpenland sowie Teile des heutigen Sachsens und Thüringens unter Eis begraben. Mehr als 100.000 Jahre dauerte diese nach den Flüssen Weichsel und Würm benannte Eiszeit, bevor die letzten Gletscher vor 11.000 Jahren endgültig schmolzen.

luft

Im Ostpazifik, weit draußen vor der Küste Perus, braut sich etwas zusammen. Normalerweise ist das Meerwasser dort kalt und voller Nährstoffe und somit ein ideales Fanggebiet für Fischer. Alle paar Jahre aber wird das kalte Wasser durch eine wärmere Meeresströmung ersetzt. Dann bleiben nicht nur vor Peru die Fische weg. Im sehr trockenen Westen Nordamerikas kommt es zu schweren Regenfällen mit großen Überflutungen, im östlichen Teil Südamerikas und in Südostasien zu Dürren. Meteorologen nennen diese Kapriolen des Wetters „El Niño“, das Christkind. Denn peruanische Fischer hatten bemerkt, dass das kalte Meerwasser oft genau zur Weihnachtszeit versiegte. Weltweit gehen zurzeit Geoforscher der Frage nach, was die Ursache für dieses rätselhafte Naturereignis sein könnte – eine allgemein akzeptierte Erklärung gibt es bis jetzt nicht.

Rotierendes Schleusentor

Auch im Nordatlantik besteht ein großräumiger Zusammenhang zwischen Meer und Wetter. Dort bilden das Islandtief und das Azorenhoch das Einfallstor für jene Sturmtiefs, die Europa regelmäßig mit feuchter, atlantischer Luft heimsuchen. Die Triebfeder dieses Wetterphänomens ist die von der Erddrehung erzwungene so genannte Corioliskraft. Sie sorgt dafür, dass sich auf der Nordhalbkugel die Luft in einem Hochdruckgebiet im Uhrzeigersinn, in einem Tiefdruckgebiet aber gegen den Uhrzeigersinn dreht (auf der Südhalbkugel umgekehrt). Liegen zwei solche gegenläufigen „Schaufelräder“ nahe beieinander, ist die Bewegungsrichtung in der Berührungszone gleich – wie man sich auch leicht mit Hilfe zweier Untertassen, die man gegenläufig dreht, klarmachen

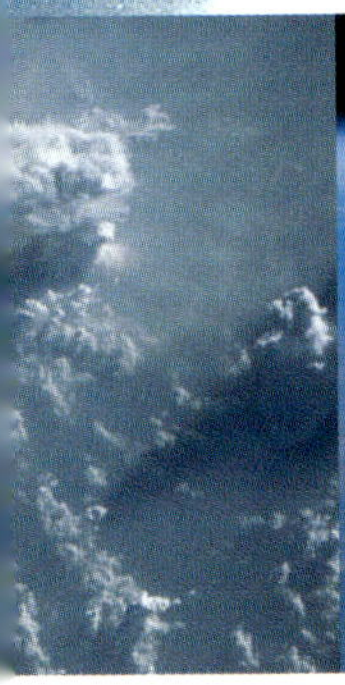

links: Vom Weltraum aus betrachtet zeigen die Wolken bizarre Muster, die sich durch das Spiel der Winde ergeben.

mitte: Der europäische Satellit ENVISAT soll das Zusammenspiel von Land, Ozean, Polkappen und der Atmosphäre beobachten.

rechts: Das Abendrot entsteht durch Beugung des Sonnenlichts in der Erdatmosphäre. Nur der rote Anteil gelangt ins Auge des Betrachters.

kann. Dadurch verstärkt sich der Wind in diesem Bereich. Die Azoren mit den berühmten „Hochs" liegen südlich von Island, das die „Tiefs" beisteuert. Deshalb wehen in der Zone dazwischen starke Westwinde. Sie ist die „Autobahn", auf der atlantisches Wetter nach Mitteleuropa transportiert wird.

Damit sind das Azorenhoch und das Islandtief das Ying und Yang des atlantisch-europäischen Klimas. Veränderungen im Unterschied des Luftdrucks zwischen ihnen sorgen für Schwankungen des Wetters in ganz Mitteleuropa. Sind die beiden Wettergebiete im Jahresmittel stark ausgeprägt, die Luftdruckgegensätze zwischen ihnen also groß, gibt es milde, feuchte Winter. Vom Golfstrom erwärmte atlantische Meeresluft bekommt dann genügend Schwung, um auch im Winter bis nach Kontinentaleuropa vorzudringen. Dabei verdrängt sie die kalten arktischen Luftmassen. Bei schwachen Druckgegensätzen zwischen den beiden Spiralen kommt die Atlantikluft nicht richtig in Fahrt und bleibt über dem Wasser hängen. Auf dem Kontinent kann dann „Väterchen Frost" ungehindert regieren – klirrend kalte, trockene Winter sind die Folge.

Wettervorhersage mit GPS

Bis vor wenigen Jahrzehnten wussten Atmosphärenforscher weder etwas vom Zusammenhang zwischen der Wassertemperatur im Ostpazifik und den schweren Niederschlägen in Kalifornien, noch ahnten sie, dass Luftdruckschwankungen über

Mit Ballons wie diesen messen Wissenschaftler die Zusammensetzung der Luft in der Atmosphäre – bis in einer Höhe von 50 km über dem Erdboden. So lassen sich zum Beispiel der Sommersmog und das Ozonloch untersuchen.

Das Polarlicht – sichtbare Spuren des Sonnenwindes, der entlang der Feldlinien des Erdmagnetfeldes an den Polen bis in die Atmosphäre gelangt und dort Gasmoleküle zum Leuchten bringt.

dem Nordatlantik das Klima in Kontinentaleuropa beeinflussen. Denn von hoher See gab es nur wenige zuverlässige Wetterbeobachtungen. Heute liefern Wettersatelliten eindrucksvolle Fotos, Radarsatelliten messen die Höhe der Meeresspiegel, und sogar das Satelliten-Navigationssystem GPS, das viele Autos in Deutschland durch das Verkehrsgewühl leitet, wird mittlerweile zur Wettervorhersage eingesetzt. 24 GPS-Satelliten kreisen in gut 20.000 Kilometern Höhe und senden Radiosignale aus, die dann auf der Erde zur Ortsbestimmung benutzt werden. Ein in Deutschland gebauter Geoforschungssatellit kann diese GPS-Signale auch empfangen. Wichtig sind für ihn die Signale des GPS-Satelliten, der von ihm aus gesehen gerade hinter der Erde verschwindet, also „untergeht". Sie durchlaufen die Erdatmosphäre besonders lange, bis sie vom Forschungssatelliten aufgefangen und analysiert werden. Auf ihrem Weg werden die Radiowellen vielfach gebrochen, gestreut und verzögert. Aus diesen Verzögerungen lassen sich Temperatur- und Druckunterschiede in der Atmosphäre des gesamten Globus ermitteln.

Bei diesen Messungen kann auch die Anzahl elektrisch geladener Teilchen in der Atmosphäre bestimmt werden. Sie hängt eng mit dem so genannten Sonnenwind zusammen. Dieser Teilchenstrom geht ständig von der Sonne aus und wird normalerweise von unserem Erdmagnetfeld wie von einem Schutzschild um die Erde herum gelenkt. Wenn aber der Sonnenwind zu stark wird, können der Funkverkehr gestört oder sogar Überspannungen in Stromleitungen und Pipelines verursacht werden. Selbst Satelliten funktionieren dann nicht mehr richtig. An den Polen kommen die geladenen Partikel nahe an die Erde heran, stoßen mit Molekülen in der Atmosphäre zusammen und verursachen so die berühmten Polarlichter. Bei der Erkundung dieser Phänomene arbeiten Geophysiker eng mit Fachleuten für Plasmaphysik und jenen Astronomen zusammen, die die Vorgänge in der Sonne erforschen. So ist inzwischen ein neuer Zweig der Geowissenschaften entstanden: die Kunde vom „Weltraumwetter".

Verstaubte Erde

Oft haben aber auch Vorgänge im tiefsten Innern der Erde Einfluss auf den Zustand der Lufthülle. Als im Jahr 1991 der Vulkan Pinatubo auf den Philippinen ausbrach, gelangten etwa 20 Millionen Tonnen Schwefeldioxid (SO_2) in die Stratosphäre. Wenn der Vulkan Redoubt in Alaska aktiv ist, speit er täglich bis zu 6 Millionen Tonnen SO_2 in die Luft. Ein Teil davon wird vom Regen schnell aus der Atmosphäre gewaschen, ein großer Rest schwebt jedoch in Form kleinster Aerosol-Partikel jahrelang in der Lufthülle. Noch längst sind nicht alle Folgen

Staubstürme entstehen an der Westküste Afrikas häufig. Diese Sturmwolke vom Mai 2001 hat etwa die Größe Spaniens (im Bild rechts oben).

dieses natürlichen Eingriffs in die Atmosphäre erforscht. Man weiß aber, dass die vulkanischen Aerosole die Sonnenstrahlen auf ihrem Weg zur Erdoberfläche beeinflussen. So sorgen sie für romantische purpurrote Sonnenuntergänge, gleichzeitig verringern sie aber die Einstrahlung und kühlen somit die Atmosphäre ab. Die Teilchen aus dem Schlund der Erde bringen aber auch die chemische Zusammensetzung der mittleren Atmosphäre durcheinander. Unter anderem verdünnen sie die schützende Ozonschicht.

Aber längst nicht alle unangenehmen Partikel in der Lufthülle stammen von der Sonne oder aus Vulkanen. Oft tragen starke Winde Staub quer über den Ozean von einem Kontinent zum anderen. So rieselt aus Fönwinden in Bayern gelegentlich ein feiner gelber Staub – Sand aus der Sahara, vom Winde über Mittelmeer und Alpen verweht. Manchmal regnet es über der nordamerikanischen Westküste sogar Sand aus der chinesischen Wüste Gobi auf der anderen Seite des Pazifik. Und so, wie der Staub nicht vor Kontinentgrenzen halt macht, ist er auch kein ausschließlich irdisches Phänomen: Auch auf dem Mars wurden Staubstürme entdeckt, die denen in der Sahara verblüffend ähnlich sehen.

Vor fast 30 Jahren wurde in Garmisch-Partenkirchen der erste Laserstrahl in den Himmel geschossen. Dabei wurde keine exotische Weltraumwaffe getestet. Stattdessen wollten die Forscher etwas über die Atmosphäre erfahren. Das Messverfahren heisst „LIDAR“: Ein Laserradar wird dabei senkrecht nach oben oder schräg in die Luft gerichtet, wo er zum Beispiel auf Staubteilchen trifft, die sein Licht streuen. Ein Teil des Lichts gelangt so auch zur Bodenstation zurück. Je mehr Licht wieder zurückkommt, desto mehr Staub ist in der Atmosphäre. Gleichzeitig lässt sich aus der Zeit, die zwischen dem Aussenden des Lichtpulses und dem Eintreffen des Signals vergeht, der Abstand zur Wolke ermitteln. Auf diese oder ähnliche Weise messen LIDAR-Systeme von Garmisch aus auch den Gehalt an Ozon und anderer Spurenstoffe in der Luft. Solche Messungen dienen zur Überwachung der Luftreinheit und sind ein weiterer Puzzlestein bei der Erforschung des Erdklimas.

Das Klima-Rät

Wissenschaftler erbohren Eiskerne, die verraten, wie sich Niederschläge und Temperaturen in den letzten 500 bis 1000 Jahren verändert haben – und wie vor allem der Mensch die Luft seitdem verschmutzt hat.

Das Iglu bietet zwar Schutz vor dem scharfen Wind, der eisig über die Hochfläche im Inneren Grönlands pfeift. Trotzdem müssen die Wissenschaftler auch drinnen dicke Polarkleidung tragen, während sie das Bohrgestänge überwachen, das sich ohne Pause durch das ewige Eis frisst. Die Forscher arbeiten sich durch eine kilometerdicke Eisdecke, die die größte Insel der Welt bedeckt. In einzelnen Schichten hat sich im Lauf der Vorzeit das Eis übereinander gestapelt und bildet so ein einzigartiges „Klimaarchiv". Regelmäßig unterbrechen die Polarforscher das Bohren und ziehen das Gestänge nach oben. Es enthält zylindrische Proben des Eises, die sorgfältig gesammelt und untersucht werden. Und wäre es im Iglu wärmer, dann würde dieses wertvolle Bohrgut schmelzen. Mit dem Wind kämpfen auch Forscher in 3600 Meter Höhe am Hang des Mauna Loa auf Hawaii. Der Passatwind ist dort zwar längst nicht so kalt wie der Wind in Grönland – doch er weht ständig und ohne Unterlass. Auch wenn den Wissenschaftlern das Atmen in der großen Höhe schwer fällt, können sie sicher sein, dass die Atemluft so sauber ist wie sonst kaum irgendwo auf der Welt. Denn Hawaii ist mehr als 3700 Kilometer vom amerikanischen Festland entfernt, nach Japan und Fernost ist es noch weiter. Außerdem fehlen am Mauna Loa Autos und Industriebetriebe, die die Luft verschmutzen. Unter diesen idealen Bedingungen können die Forscher kontinuierlich die chemische Zusammensetzung der Atmosphäre und insbesondere deren Gehalt an Kohlendioxid (CO_2) messen.

Schwere Stürme im Südatlantik behindern gelegentlich auch die Arbeit der Ozeanografen und

rundes Bild: Das Ozonloch im Frühjahr, etwa 25 km über dem Südpol. Weltweit nimmt die Ozonmenge ab – allerdings rund um die Erde und je nach Jahreszeit sehr unterschiedlich.

rechts: Geowissenschaft kann harte Arbeit bedeuten. Forscher auf dem deutschen Forschungsschiff Meteor kämpfen gegen die Wellen. Sie untersuchen vor allem den Nährstofftransport durch Plankton.

Meeresgeologen an Bord des deutschen Forschungsschiffes Meteor. Die Wissenschaftler lassen Sonden ins Wasser, um in verschiedenen Meerestiefen Temperatur und Salzgehalt zu messen. Mit schweren Eisenkästen, die an langen Stahlseilen hängen, hieven sie außerdem Ablagerungen vom Meeresboden. An Deck wird die Probe sofort analysiert.

Tropische Meere im Teutoburger Wald

Drei verschiedene Schauplätze, drei unterschiedliche Forschungsrichtungen der Geowissenschaften – dahinter steckt aber eine einzige Fragestellung: Wie steht es um unser Klima? Neu ist diese Frage keineswegs. Schon seit mehr als 150 Jahren beschäftigen sich Geowissenschaftler im Fachgebiet der historischen Geologie mit der Entwicklung des Klimas im Laufe der Erdgeschichte. Das Ergebnis: Das Klima auf der Erde hat sich in der Vergangenheit – lange bevor Menschen in die Natur eingreifen konnten – schon sehr oft drastisch verändert. Am Beispiel der norddeutschen Tiefebene, zwischen den Höhenzügen des Teutoburger Waldes und der Nordsee wird dies deutlich. Vor 300 Millionen Jahren, im Zeitalter des Karbon, wuchsen dort üppige Wälder, die Ursprünge der heutigen Steinkohleflöze. 50 Millionen Jahre später war das Gebiet von einem flachen tropischen Meer überflutet, das mächtige Salzschichten zurückließ. In der Kreidezeit, vor 100 Millionen Jahren, grasten dort Saurier, wo heute Kühe weiden. Und es ist noch keine 20.000 Jahre her, dass Norddeutschland große Ähnlichkeit mit dem heutigen Grönland hatte – es war während der Eiszeit unter einem dicken Gletscher begraben.

Für diese langsamen Veränderungen gibt es viele natürliche Ursachen. Wenn beispielsweise die Strahlung der Sonne schwächer wird, sinkt auch die Temperatur auf der Erde. Das ist ein langsamer, fast unmerklicher Vorgang. Plötzlich und katastrophal wirkt dagegen der Einschlag großer Meteorite. Dabei wird so viel Staub aufgewirbelt, dass es auf Jahrtausende hinaus kälter wird. Die Klimaänderung nach einem solchen Einschlag führte beispielsweise vor 65 Millionen Jahren zum Aussterben der Saurier.

Die Plattentektonik kann Kontinente im Laufe von Jahrmillionen von einer Klimazone in eine andere verschieben, mächtige Vulkanausbrüche befördern so viel Asche in die Atmosphäre, dass sich die Erde abkühlt. Selbst das Entstehen großer Gebirge macht sich im Klima bemerkbar. So hat die Auffaltung des Himalaya vor 30 Millionen Jahren dazu geführt, dass die feuchtwarme Luft aus Indien nicht mehr bis in die Region des heutigen China vordringen konnte.

links: Im Mauna Loa Observatorium auf Hawaii wird seit Mitte der 50er Jahre kontinuierlich der Klimawandel verfolgt und die Zusammensetzung der Atmosphäre gemessen.

rechts: Wo heute noch Wasser fließt und Wälder grünen, kann in einer Kälteperiode schon wenige Tausend Jahre später die Landschaft unter einer Eisdecke liegen.

Was liegt in der Luft?

Es gibt aber auch Einflüsse, die nichts mit der Natur zu tun haben. Das wissen wir spätestens seit dem Jahr 1957. Damals stellte der amerikanische Chemiker David Keeling zuerst am Südpol und dann an der Wetterwarte am Mauna Loa neuartige Messgeräte auf. Mit ihrer Hilfe maß er den Gehalt an Kohlendioxid (CO_2) in der Luft automatisch in Abständen von wenigen Minuten. Obwohl dieses Gas – verglichen mit den Hauptbestandteilen der Atmosphäre, Stickstoff und Sauerstoff – nur in Spuren vorkommt, lieferten Keelings Geräte genaue Messwerte. So wissen die Forscher heute, dass nach weniger als einem halben Jahrhundert die Luft am Mauna Loa 18 Prozent mehr Kohlendioxid enthält als damals. Dieser Anstieg ist die Folge der Verbrennung von Kohle, Öl, Erdgas und Benzin in Automotoren, Hausheizungen und in der Industrie. Das Problem dabei: In der Erdatmosphäre macht Kohlendioxid dasselbe wie in den Messgeräten am Mauna Loa – es nimmt Wärmestrahlung auf. Und zwar speziell den Wellenlängenbereich, der von der Erde zurückgestrahlt wird, nachdem sie durch die Sonne aufgewärmt wurde. CO_2 wirkt dabei also wie die Glasscheibe eines Treibhauses: Es lässt das kurzwellige, von der Sonne einfallende Licht passieren, absorbiert aber die irdische Infrarotstrahlung.

Die entscheidende Frage ist, welche Folgen dies hat. Ist es möglich, dass wir uns mit den vielen Abgasen in eine neue Heißzeit heizen, in der die Polkappen schmelzen, flache Inseln untergehen und fruchtbares Weideland zur Wüste wird? Oder ist die menschengemachte Erhöhung des CO_2-Gehaltes der Atmosphäre im Rahmen des komplizierten Wechselspiels der vielen natürlichen Vorgänge nur ein kleiner Ausrutscher, der ohne große Folgen für das Klima bleiben wird?

Es macht die Sache nicht einfacher, dass dabei alles mit allem zusammenhängt. So spielt neben Kohlendioxid auch Wasser eine entscheidende Rolle. Einerseits wirkt es als Wasserdampf in der

Atmosphäre ebenfalls als Treibhausgas, das genauso wie CO_2 Wärmestrahlung absorbiert und mit der so aufgenommenen Energie die Atmosphäre aufheizt. Auf der anderen Seite sind die Weltmeere ein riesengroßer CO_2-Speicher. Etwa die Hälfte des Kohlendioxids, das auf der Erde jedes Jahr neu gebunden wird, nehmen das Plankton und andere Kleinstorganismen in den Ozeanen auf. Wenn diese Organismen absterben und als Partikel zum Meeresboden sinken, wird der Treibhauseffekt tendenziell verringert. An manchen Stellen im Meer wird das Plankton allerdings von Bakterien zersetzt, die dabei CO_2 „ausatmen", das später wieder in die Atmosphäre gelangt.

Launisches Klima

Untersuchungen haben gezeigt, dass es in der Wetterküche der Erde früher wesentlich abwechslungsreicher zuging als angenommen. Lange Zeit dachte man, dass sich Klimaveränderungen langsam und stetig im Verlauf von Jahrhunderten oder Jahrtausenden vollziehen. Offenbar sind aber nur die letzten zehn Jahrtausende eine Phase mit außergewöhnlich stabilem Klima gewesen. Am Ende der letzten Eiszeit vor 10.000 Jahren gab es zum Beispiel eine Periode, in der das Klima äußerst „flatterhaft" war – als ob sich die Erde nicht zwischen Eis- und Warmzeit hätte entscheiden können. Die mittlere Temperatur auf der Nordhalbkugel hat sich damals innerhalb weniger Jahre um bis zu sieben Grad verändert.

rundes Bild: Die Atmosphäre der Erde ist durchzogen von weißen Schlieren aus Wasserdampf: Wolken.

rechts: Eine Satellitenaufnahme des Meteoritenkraters im Nördlinger Ries (Durchmesser etwa 25 km). Nur sehr selten kommt es zu solchen gewaltigen Einschlägen: Die meisten Meteoriten verglühen in der Erdatmosphäre.

All diese Erkenntnisse beruhen auf der engen Zusammenarbeit von Polarforschern im ewigen Eis Grönlands, Atmosphärenchemikern bei der Analyse der Luft in Hawaii, Ozeanographen und Meeresgeologen bei ihren Forschungsfahrten in den Südatlantik und zahlreichen anderen Geowissenschaftlern. Erst, wenn die vielen Einzelergebnisse der unterschiedlichsten Disziplinen zusammenführt werden, erhält man ein realistisches Bild der Geschichte des Klimas. Und nur wer das Klima der Vorzeit kennt und es mit seinen Modellen berechnen kann, der wird damit auch eine Vorhersage über das Klima der Zukunft wagen können.

Leben mit der Erde

Klar: Geowissenschaftler sind mit von der Partie, wenn neue Rohstofflager erschlossen oder Tunnel gebohrt werden. Und natürlich zählen sie zu den gefragten Fachleuten, wenn es um die Nutzung geothermischer Energie geht. Doch was haben die Geowissenschaftler mit deutschen und europäischen Baunormen oder den Kosten für Hausversicherungen zu tun?

Die Erforschung von Erdbeben gehört zu den wichtigsten Aufgaben der Geowissenschaften. Die Experten sind mit ihren Messgeräten überall dort zur Stelle, wo die Erde zittert und bebt – in Südamerika zum Beispiel oder in der Türkei. Doch die Ergebnisse dieser Forschungen dienen unter anderem als Grundlage für die Berechnung von Hausversicherungen oder für die Katastrophenvorsorgepläne – auch in Mitteleuropa, wo die Erde vergleichsweise wenig und selten bebt. Aus seismischen Untersuchungen wissen Bauingenieure heute auch, wie Gebäude bei bestimmten Eigenschaften des Untergrundes konstruiert werden müssen, damit sie im Falle eines Erdbebens nicht einstürzen.

Geowissenschaftler sind aber auch für die Vermessung der Erde zuständig. Mit Satelliten erfassen sie rund um die Erde Veränderungen der Erdanziehung. Aus diesen Daten berechnen sie zum Beispiel die weltweite Normal-Null-Höhe, das sogenannte Geoid; das ist eine globale Bezugsgröße, auf der die gesamte Navigation im Flugverkehr beruht und auf die sich die Messung von Ebbe und Flut bezieht. Außerdem ermöglichen die Satellitendaten detaillierte Informationen über Prozesse und Massenverlagerungen in Bereichen des Erdinnern – viel genauer als mit Bohrungen.

Vom Mittelpunkt der Erde bis zum Magnetfeld, das weit in den Weltraum reicht: Geowissenschaftler wollen Zusammenhänge und Prozesse im System Erde verstehen. Wie wirkt der Mensch auf die Erde ein? Wie verändert sich die Natur von sich aus? Die Antworten auf solche Fragen eröffnen die Möglichkeit, die Erde zu schützen und auch zukünftig lebenswert zu erhalten.

Bildquellen „system erde“

Advanced Computing Laboratory, Los Alamos National Laboratory	10/11
Stiftung Alfred-Wegener-Institut für Polar- und Meeresforschung	18, 19, 26, 31
Astrium 4/2000	15
Deutsches Zentrum für Luft- und Raumfahrt	8/9, 29
Volker Diekamp, Universität Bremen	27
European Space Agency	23
Deutsches Klimarechenzentrum	26/27
Forschungszentrum Karlsruhe	15
Fraunhofer-Institut für Atmosphärische Umweltforschung	25
Grit Dannowski, GeoForschungsZentrum Potsdam	10, 14 (2x)
Albrecht Schulze, GeoForschungsZentrum Potsdam	14
GeoForschungsZentrum Potsdam, KTB-Archiv	16
GEOMAR	21
Albert Gerdes, Forschungszentrum Ozeanränder, Universität Bremen	12, 13, 20, 31
Gary A. Glatzmaier, Earth Sciences Department, University of California, Santa Cruz	15
Frank Graeber, GeoForschungsZentrum Potsdam	12
Helmut Grosser, GeoForschungsZentrum Potsdam	17
Institut für Geophysik, Georg-August Universität Göttingen	17
Jürgen Klotz, GeoForschungsZentrum Potsdam	7, 8
National Aeronautics & Space Administration	13, 25, 28
National Oceanic and Atmospheric Administration	20
Rosenstiel School of Marine and Atmospheric Science, University of Miami	20
Franz Ossing, GeoForschungsZentrum Potsdam	22/23, 23
Schallreuter, Gesellschaft für Geschiebekunde	21
Naturmuseum Senckenberg, Frankfurt/Main	17
Hansjörg Streif, NLfB Hannover	20
T. Woyke	24
Bernd Zolitscka, GeoForschungsZentrum Potsdam	13

luft

Der Herbststurm „Xylia“ beschert dieser Passantin des Hamburger Gänsemarkts ein rutschiges Pflaster. (Foto: dpa)

Der flüchtige Stoff

> »Dieser wunderbare Baldachin, die Luft...«
>
> Hamlet (Shakespeare)

Als Shakespeare um 1600 den „Hamlet“ schrieb, wusste man nur sehr wenig über den flüchtigen Stoff, der alles unsichtbar umgibt. Alle grundlegenden Entdeckungen über die Atmosphäre waren erst noch zu machen. Offenbar übte aber schon damals der weite, blaue Himmel über uns eine große Faszination aus – auch ohne meteorologische Kenntnisse. Und das, obwohl die Luft ein Stoff ist, der erst entdeckt werden will: Es braucht seine Zeit, bis man als Kind feststellt, dass das „Nichts“ um einen herum offenbar doch „Etwas“ ist...

Was würde der oben zitierte Dichter erst sagen, wenn man ihm von den Erkenntnissen der modernen Geowissenschaften erzählte? Gäbe es die Luft nicht, wäre die Erde unbewohnbar wie ihre Nachbarplaneten. Dabei ist die Atmosphäre aber nicht nur wegen ihres Sauerstoffs, den wir atmen, unentbehrlich. Ohne sie würde auf der Erde tagsüber sengende Hitze und nachts eisige Kälte herrschen. Sie schützt das Leben auf der Erde auch vor sonst tödlichen Strahlen von der Sonne und aus dem All.

Die Atmosphäre ist keine isolierte Hülle aus Gasen, sie ist Teil des Systems Erde. Durch vielerlei Beziehungen ist sie mit den anderen „Sphären“ verbunden:

Im Vergleich zur Grösse unseres Planeten ist die Erdatmosphäre hauchdünn. Hier sieht es so aus, als ob der Mond gerade in die Lufthülle eintauchen würde. (Foto: NASA)

Auch im Alltag kann man interessante Wolkenformationen beobachten. Hier ein Schnappschuss aus dem Büro des GEO-Bildarchivs in Hamburg. (Foto: Markus Seewald)

mit den Gesteinen (Lithosphäre) und den Bereichen des Wassers (Hydrosphäre), des Eises (Kryosphäre) und des Lebens (Biosphäre). Schon die Uratmosphäre entstand aus Gasen, die aus der damals aufgeschmolzenen Erde freigesetzt wurden, und sie entwickelte sich in ständigem Austausch mit den anderen Sphären. Aus Wasserdampf, der sich aus ihr niederschlug, entstanden die Ozeane. Dafür kam Sauerstoff in die Luft: von Einzellern, die im Meer lebten, als Abfallprodukt der Photosynthese freigesetzt. Es war eine Umweltverschmutzung gigantischen Ausmaßes! Denn der Sauerstoff ist chemisch aggressiv und für Lebewesen giftig, wenn sie nicht bestimmte Schutzmechanismen entwickelt haben. Nur mit ihnen können Menschen und Tiere Sauerstoff als „Lebenselixier" nutzen. Viele Bakterien scheuen den Stoff bis heute, weil es ihnen an diesen Mechanismen mangelt.

Das wenige Wasser, das unsere heutige Atmosphäre als Luftfeuchtigkeit enthält, wird laufend mit den anderen Sphären ausgetauscht. Als Regen geht es auf die Erde nieder und verdunstet aus den Ozeanen wieder in die Luft. Auch Sauerstoff und Kohlendioxid sind „Wanderer" zwischen den Sphären. Dass die Atmosphäre so vielseitig beeinflusst wird, macht das Geschehen in der Luft, das wir Wetter nennen, so unsäglich kompliziert. Umso erstaunlicher die Fortschritte in der Wettervorhersage, die mit enormem technischen Aufwand erreicht wurden.

Noch schwieriger ist die Vorhersage künftigen Klimas, weil sich der Einfluss der anderen Sphären auf die Atmosphäre langfristig noch stärker auswirkt und von komplexen Wechselwirkungen bestimmt wird. Besonders akut ist heute die Frage, in welchem Ausmaß und mit welchen Folgen sich die Erde durch einen vom Menschen ausgelösten Treibhauseffekt erwärmt, wie Niederschläge sich verändern und ob Extremwetterlagen zunehmen.

Neben der Auswertung aktueller Messdaten und Modellrechnungen betreiben Forscher Studien über das Klima vor Tausenden und Zehntausenden von Jahren. Die Atmosphäre hat kein Gedächtnis, aber Klimaarchive finden sich in den Böden von Ozeanen und Seen, in Baumstämmen und Korallen, Mooren und Höhlensinter, im ewigen Eis. Die Untersuchungen haben ergeben, dass das Klima in der Vergangenheit häufig, heftig und schnell geschwankt hat.

Die Vergangenheit, sagen Geowissenschaftler, ist der Schlüssel zur Zukunft. Danach sind die gewonnenen Erkenntnisse eine ernste Warnung, das empfindliche System Erde, das immer noch Rätsel aufgibt, nicht grob zu stören.

Die Welt von oben: Der Astronaut Mark Lee schwebt ohne Leine um den Globus. (Foto: NASA)

Eine einzigartige Hi

»Wir sind von einer Atmosphäre umgeben, von der wir noch gar nicht wissen, was sich alles in ihr regt und wie es mit unserem Geiste in Verbindung steht.«

Johann Wolfgang von Goethe

Bitte anschnallen zum Start! Eine Reise mit der Zeitmaschine soll uns tief in die Vergangenheit der Erde führen, drei Milliarden Jahre zurück. In der Fantasie geht das im Handumdrehen. Die Jahrmillionen rauschen nur so vorbei, und schon sind wir da.

Aus dem Fenster unserer imaginären Zeitkapsel blicken wir auf eine Erde, die nur auf den ersten Blick „wüst und leer“ erscheint: In den Tümpeln der Umgebung leben bereits erste Einzeller. Wollten wir uns draußen etwas umsehen, ginge das allerdings nur wie bei der Erkundung eines fremden Planeten – mit Schutzanzügen, Atemgeräten und einem gehörigen Vorrat an Atemluft.

Die Luft außerhalb der Kapsel besteht zwar hauptsächlich aus den uns bekannten Gasen Stickstoff, Kohlendioxid und Wasserdampf, doch in völlig anderen Mengenverhältnissen als in der uns vertrauten Atmosphäre. Freien Sauerstoff (O_2), den wir zum Atmen brauchen, gibt es überhaupt nicht. Deshalb findet sich in der Stratosphäre in 20 bis 50 Kilometer Höhe auch kein Ozon (O_3), das Organismen außerhalb des Wassers vor lebensfeindlichen UV-Strahlen schützen könnte.

Lightshow am Himmel: Polarlichter zählen zu den eindrucksvollsten Erscheinungen der Atmosphäre. Sie entstehen, wenn geladene Teilchen von der Sonne in grosser Höhe mit Luftmolekülen zusammenstossen. (Foto: Save-Bild)

> Geburt aus dem Urnebel

Seit der Entstehung der Erde vor viereinhalb Milliarden Jahren hat die Atmosphäre, der wir ganz wesentlich unsere Existenz verdanken, große Veränderungen durchgemacht. Sie ist das Ergebnis glücklicher Umstände:
Nach den Erkenntnissen der Planetologen, unter denen viele Geowissenschaftler sind, entstand die Erde aus einer Unzahl kleinerer Körper, die sich wiederum aus einer riesigen rotierenden Gas- und Staubwolke, dem solaren Urnebel, zusammengeballt hatten. Vielleicht hat sich eine erste Uratmosphäre aus den gasförmigen Resten, vor allem Wasserstoff und Helium, gebildet. Doch die leichten Gas-Atome dürften sich bald im All verflüchtigt haben.

Unter dem Einfluss der bei den Kollisionen der Kleinkörper und beim Zerfall radioaktiver Elemente freigesetzten Energie schmolz der Urplanet auf. Seine verschiedenen Bestandteile trennten sich in einen festen Kern aus den schweren Elementen Eisen und Nickel und in unterschiedlich schwere feste und flüssige Hüllen. Dabei entwichen große Mengen an Gasen. Diese neue „sekundäre“ Atmosphäre bestand aus dem, was heute noch von Vulkanen ausgestoßen wird: vor allem Wasserdampf, Kohlendioxid und Stickstoff.

Der Hauptgrund dafür, dass daraus schließlich unsere heutige Luft wurde, unser Lebenselixier, ist die Entfernung der Erde von der Sonne. Sie ist groß genug, dass der meiste Wasserdampf kondensierte – so entstanden die Ozeane. Im Wasser löste sich viel Kohlendioxid aus der Atmosphäre und verband sich mit Kalzium zu Kalk. Übrig blieb vor allem der Stickstoff, der in vulkanischen Gasen zwar nur in geringen Mengen enthalten ist, sich jedoch im Laufe der Jahrmillionen durch immer neue Eruptionen anreicherte.

> Der Sauerstoff kommt auf die Welt

Ein weiterer Grund für die Wandlung der Atmosphäre war die Entstehung des Lebens. Die frühe „Erfindung“ der Photosynthese durch Bakterien und Blaualgen spielte dabei die tragende Rolle. Bei diesem Prozess, bei dem aus Wasser und Kohlendioxid mithilfe der Sonnenenergie organische Substanz aufgebaut wird, bleibt Sauerstoff übrig. Weit über eine Milliarde Jahre lang wur-

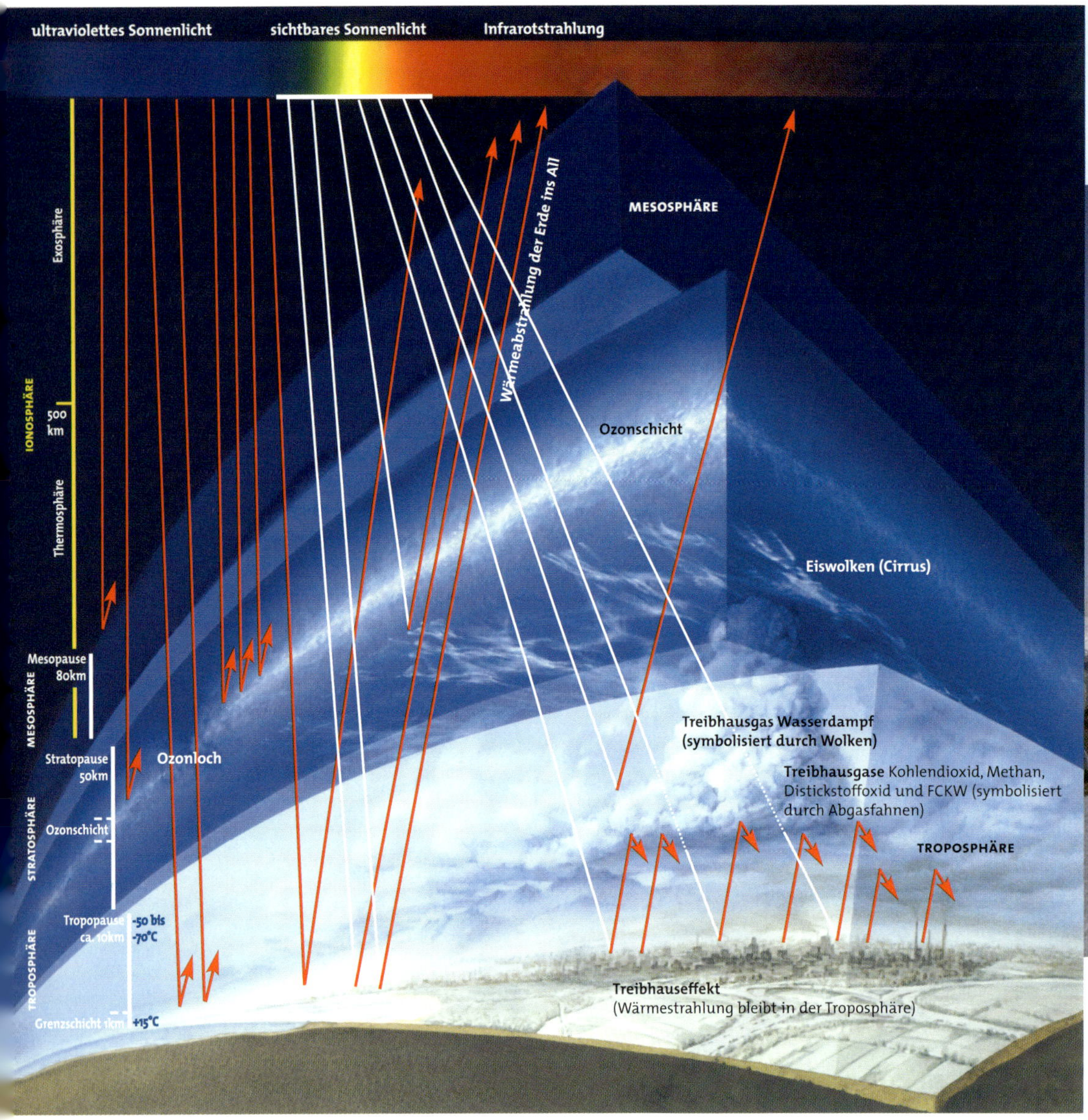

Aufbau der Atmosphäre. Neben den verschiedenen Schichten ist auch die einfallende Strahlung (vor allem UV und sichtbares Licht) eingezeichnet. Der dadurch erwärmte Erdboden gibt Infrarotstrahlung ab. Ein Loch in der schützenden Ozon-Schicht ist ebenso zu sehen wie der Treibhauseffekt. (Grafik: Jörg Kühn/ius)

de der Sauerstoff noch im Wasser gebunden, vor allem von Eisen. Daher stammen die weltgrößten Eisenerz-Lagerstätten.

Doch schließlich erschöpfte sich in den Ozeanen der Vorrat an Substanzen, die das „Abfallgas" in großem Umfang binden konnten. Sauerstoff durchflutete das Wasser und drang auch in die Luft. Allmählich kam die Atmosphäre zu ihrer heutigen Zusammensetzung: 78 Prozent Stickstoff, 21 Prozent Sauerstoff, 0,9 Prozent Argon, Spuren von Kohlendioxid und anderen Gasen sowie einem Wasserdampf-Gehalt, der stark schwankt, von weniger als einem bis zu vier Prozent.

Atmosphärenforscher unterscheiden in der Lufthülle fünf Schichten. Die unterste, in der sich die Wettervorgänge abspielen, die Troposphäre, reicht an den Polen sechs bis acht und am Äquator bis etwa 17 Kilometer hoch hinauf. Ihre Temperatur beträgt am Boden durchschnittlich 15 Grad Celsius und nimmt mit jedem Kilometer Höhe um etwa sechs Grad ab. Am oberen Ende ist die Temperatur auf -50 bis -70 Grad gesunken. Beheizt wird die Troposphäre hauptsächlich von unten. Die Erdoberfläche absorbiert das eingestrahlte Sonnenlicht, erwärmt sich dadurch und sendet nun ihrerseits wärmende Infrarot-Strahlung aus. Von erwärmtem Wasser steigt Wasserdampf auf, der in der Höhe Energie abgibt, wenn er wieder kondensiert.

Im nächsten Stockwerk, der Stratosphäre, treffen UV-Strahlen der Sonne auf Sauerstoff-Moleküle (O_2) und spalten sie. Je ein Sauerstoff-Atom verbindet sich mit einem Molekül zu Ozon (O_3), das UV-Strahlen absorbiert und so von der Erdoberfläche fern hält.

Aufsteiger: Dieser Stratosphärenballon kommt bis in Höhen von 50 Kilometern und untersucht dort die Ozonschicht. Er ist am Erdboden nur leicht aufgebläht, damit er bei dem geringen Druck in grosser Höhe nicht platzt. (Foto: AWI)

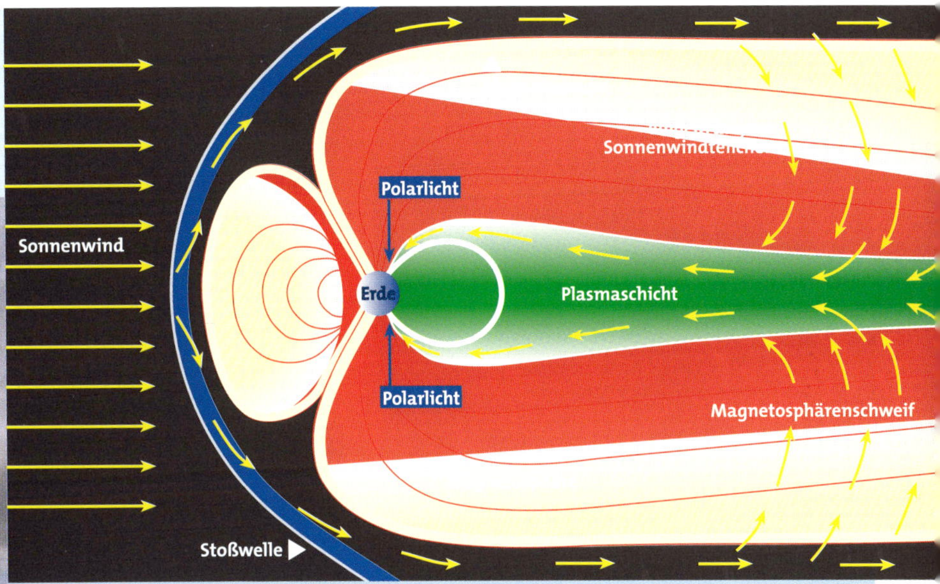

Vor den elektrisch geladenen Teilchen des Sonnenwindes schützt die Magnetosphäre, die sich unter dem Ansturm zu einem langen Schweif verformt. In den Schweif eingedrungene Teilchen lösen, den Kraftlinien des Erdmagnetfeldes folgend, Polarlichter aus. (Grafik: IUS)

Der **Schutzschild** aus dem **Erdkern**

Elektrisch geladene Teilchen von der Sonne, die auf die Erde zurasen, legen in jeder Sekunde 500 Kilometer zurück. Dieser ständige „Sonnenwind“ erscheint jedoch wie eine Brise gegenüber den bei einem Sonnenausbruch ausgeschleuderten Partikeln, die mit doppelt so hoher Geschwindigkeit auf die Erdatmosphäre prasseln. Vor solchen Trommelfeuern schützt uns das Erdmagnetfeld, das die meisten Teilchen um unseren Planeten herumleitet.

Ohne die Teilchen von der Sonne verliefen die Feldlinien des weit ins All ausladenden irdischen Magnetfeldes regelmäßig wie bei dem unvermeidlichen Schulversuch mit dem Stabmagneten und den Eisenfeilspänen. Der Sonnenwind verzerrt die Magnetosphäre jedoch gewaltig. Während er sie auf der jeweils sonnenzugewandten Seite zusammenbläst, verformt er sie auf der abgewandten Seite zu einem Millionen Kilometer langen Schweif.

Heftig rütteln die Teilchenwinde und -stürme am Magnetfeld im All, lösen elektrische Ströme aus, die wiederum Magnetfelder induzieren. Bei starken Sonnenausbrüchen stören sie den Funkverkehr, die Kommunikation über Satelliten, das Satellitennavigationssystem GPS. Damit rechtzeitig Vorsorgemaßnahmen getroffen und Schäden vermieden werden können, beobachten Wissenschaftler über Satelliten ständig die Aktivität der Teilchen, ihre Dichte und Geschwindigkeit. Die Vorhersage dieses „Weltraumwetters“ ist zu einem bedeutsamen Forschungsgebiet geworden.

> Atmosphäre mit Sonnenbrand

In 50 Kilometer Höhe beginnt die Mesosphäre. Hier ist die Luft schon sehr dünn – ein Hunderttausendstel der Dichte auf Meereshöhe – und man kann nicht mehr von „Temperatur“ in dem Sinne sprechen, wie wir sie im Alltag erleben. In 80 bis 500 Kilometer Höhe befindet sich die Thermosphäre. UV- und noch kurzwelligere, energiereichere Röntgenstrahlen von der Sonne spalten dort mehr und mehr Luftmoleküle in Atome.

Darüber folgt schließlich noch die Exosphäre. Hier, aber auch schon in der Thermosphäre und im oberen Teil der Mesosphäre spielt die „Ionisierung“ eine wichtige Rolle: Röntgen- und UV-Strahlen der Sonne schlagen aus den Molekülen und Atomen der Luft Elektronen heraus. Die ursprünglich elektrisch neutralen Luftteilchen bleiben positiv geladen zurück, sind zu Ionen geworden. Bis in etwa 500 Kilometer Höhe besteht die sogenannte Ionosphäre aus drei unterschiedlich stark ionisierten Schichten, die Radiowellen sehr gut reflektieren. Sie waren für den Funkverkehr unentbehrlich, bevor Satelliten für weltweite Kommunikation sorgten.

Darüber beginnt ein ganz besonderer Bereich: die Magnetosphäre. Wie ein unsichtbarer Schirm schützt das Erdmagnetfeld das Leben auf unserem Planeten vor Strömen energiereicher Teilchen, die unablässig von der Sonne ausgehen.

Die Wettermasch

»Sonnenschein ist köstlich, Regen erfrischt, Wind kräftigt, Schnee erheitert. Es gibt kein schlechtes Wetter, es gibt nur verschiedene Arten von gutem.« John Ruskin

Nachrichten vom Wetter lesen sich oft wie Schilderungen eines Schlachtgetümmels: Fronten rücken vor, ein Hoch verdrängt ein Tief, Tiefausläufer greifen auf Hochdruckzonen über. Für Meteorologen ist diese Balgerei der Luftmassen die zwangsläufige Auswirkung eines globalen Verteilungsmechanismus: Sonnenenergie, die in einem breiten Gürtel beiderseits des Äquators überreichlich einfällt, wird in die weniger begünstigten höheren Breiten im Norden und Süden befördert. Weil das nicht so glatt geht, wie es sich anhört, ist das Wetter ein so interessanter Gesprächsstoff.

Die Umverteilung mit dem daraus resultierenden Wettergeschehen spielt sich am unteren Saum der Atmosphäre ab, in der im Mittel elf Kilometer hohen Troposphäre. Sie enthält 75 Prozent aller Luft. Diese „Wettermaschine“ bringt die Ozeane in Wallung, schleppt Wasser auf die Kontinente, liefert Wärme in Regionen, die sonst nur von abgehärteten Naturen zu bewohnen wären. Und der Mensch klinkt sich in dieses unaufhörlich laufende Getriebe ein, wenn er Windkraft als Energiequelle nutzt.

Die Energie, von der die Wettermaschine angetrieben wird, kommt als sichtbares Licht zur Erde. Es ist aus dem breiten Spektrum elektromagnetischer Strahlung, das die Sonne aussendet, nahezu der einzige Anteil, der die Atmosphäre unbehindert passiert. Die Erdoberfläche absorbiert das Licht, erwärmt sich dabei und gibt selbst unsichtbare Wärmestrahlung (Infrarot)

❮ Monsunregen. In Uma Daro auf Borneo führen Holzstege über knietiefen Schlamm. Trotz der nassen Füsse ein Grund zur Freude: Der Monsun ist für die Bauern Garant einer guten Reisernte. (Foto: Reinhard Eisele)

Ione (links) und Kirsten (rechts) zu einer „Volute“ verschlungen. Das seltene Phänomen, dass zwei Hurrikane auf diese fast anmutige Weise miteinander wechselwirken, hat auch einen Namen: Fujiwhara-Effekt. (Foto: NOAA)

Tornados wie dieser hinterlassen eine Schneise der Verwüstung. (Foto: photodisc)

ne

Gleichstellung im Himmel

Jahrzehntelang trugen in Deutschland Hochdruckgebiete männliche und Tiefdruckgebiete weibliche Namen. Da Tiefs in unseren Breiten meist mit schlechtem Wetter in Verbindung gebracht werden, führte dies im Zuge der „political correctness“ in den neunziger Jahren zu zahlreichen Protesten von Frauenrechtlerinnen. 1999 fiel dann diese Bastion männlicher Hoch-Herrlichkeit: Hochs und Tiefs wechseln nun Jahr für Jahr das Geschlecht. 2002 sind wieder einmal Tiefs weiblich und Hochs männlich.

ab. Weil warme Luft leichter ist als kalte, steigt sie auf, und wenn sie sich abgekühlt hat, sinkt sie wieder ab. Wäre das schon alles, würde niemand vom Wetter reden, denn es bliebe eintönig gleich. Die erhitzte Luft würde nach dem Aufstieg zu den Polen hin abfließen, dabei allmählich niedersinken und am Boden in einem einfachen Kreislauf zum Ausgangspunkt zurückkehren.

> Rotationsverfahren

Weil jedoch die Erdachse geneigt ist, fällt mal auf die nördliche, mal auf die südliche Halbkugel mehr Sonnenenergie. Daraus resultieren die Jahreszeiten. Die Rotation der Erde um ihre eigene Achse – blickt man von oben auf den Nordpol, so dreht sich die Erde entgegen dem Uhrzeigersinn – bringt weitere Komplikationen:
Die Geschwindigkeit, mit der ein Punkt an der Erdoberfläche und auch die Luft darüber um die Erdachse kreist, nimmt zu den Polen hin immer weiter ab. Der Grund: Der zurückgelegte Weg, nämlich die Kreisbahn einmal um die Erde auf dieser Höhe, wird immer kleiner (am Nord- und Südpol dreht man sich nur noch auf der Stelle). So gelangt Luft, die vom Äquator polwärts strömt, in Regionen mit immer niedrigerer Rotationsgeschwindigkeit. Sie selbst ist noch von der schnelleren Rotation angetrieben und eilt daher der Erddrehung nach Osten voraus. In umgekehrter Richtung fließend (also von den Polen zum Äquator) fällt sie hinter der Erddrehung zurück. In beiden Fällen wird die Luft durch den Trägheitseffekt (Corioliskraft) vom Kurs abgelenkt, auf der Nordhalbkugel stets nach rechts, auf der Südhalbkugel nach links.

Auf diese Weise entstehen zum Beispiel die Passatwinde, die zwischen dem Äquator und dem 30. Breitengrad wehen. Die in Äquatornähe aufge-

Lithographie, um 1850. Neben den vielfältigen „Erscheinungen der Atmosphäre" wurde die eigentlich treibende Kraft hier noch hinter den Hügeln versteckt – die Sonne. (Quelle: ABC Antiquariat, Zürich)

stiegene, in höhere Breiten strebende Warmluft wird ostwärts abgelenkt. Diese nach Nordost strömende Höhenluft, der Antipassat, sinkt etwa am 30. Breitengrad ab und kehrt an der Erdoberfläche, nun westwärts abgelenkt, als Nordostpassat zum Äquator zurück.

Mitverantwortlich für das turbulente Wettergeschehen ist auch die ungleichmäßige Oberfläche der Erde mit Kontinenten und Meeren, mit Gebirgen und Flachland, mit Gebieten, die von Vegetation bedeckt sind, und mit Wüsten, mit Eis. Je nach der Beschaffenheit nimmt die Erdoberfläche Sonnenlicht in unterschiedlichem Maße auf. Die Ozeane, die 71 Prozent der Erde bedecken, absorbieren am meisten und reflektieren am wenigsten: lediglich 4 bis 10 Prozent. Von schneebedeckten Flächen hingegen werden 40 bis 80 Prozent des Lichts zurückgeworfen. Während sich Land schnell erhitzt und relativ schnell wieder abkühlt, sind die Ozeane sehr wirksame Wärmespeicher.

> Himmlische Dampfmaschine

Neben der direkten Wärmeabgabe spielt Wasserdampf eine entscheidende Rolle. Dessen Moleküle stecken voller Energie. Um ein Gramm flüssiges Wasser in gasförmigen Zustand zu verwandeln, ist etwa sechsmal so viel Energie erforderlich wie benötigt wird, die gleiche Menge flüssiges Wasser von 0 auf 100 Grad zu erhitzen. Diese Energie wird wieder frei, wenn der Dampf kondensiert. Das bringt Bewegung in die Troposphäre.

Luft enthält nur wenig Wasser: Rechnet man die Wassermenge, die in der Troposphäre enthalten ist, auf die gesamte Erdoberfläche um, kämen bei einer vollständigen Entleerung überall gerade mal 30 Millimeter Niederschlag herunter. Aber der energiereiche Wasserdampf wird laufend nachgeliefert. Allein aus den Ozeanen verdunsten jährlich geschätzte 350 000 Kubikkilometer Wasser. Mit dem Dampf werden etwa jene Winde beladen, die als Sommermonsune in weiten Teilen der Erde Fruchtbarkeit spenden. Auch die gefürchteten tropischen Wirbelstürme,

Kaltes bleibt kalt, Heisses länger heiss. Dieser Slogan für Thermoskannen trifft auch auf die Erde zu: Eis reflektiert das Sonnenlicht sehr stark und ist deshalb nur schwer zu erwärmen. Dunkle Erde und vor allem die Ozeane nehmen dagegen viel Strahlung auf und speichern die Wärme. (Fotos: GFZ-Potsdam oben, AWI unten)

Ein umgestürztes Boot liegt am 26.12.1999 am Ufer des Genfer Sees bei Lutry. Das Orkantief „Lothar“ hat an diesem zweiten Weihnachtstag in Mitteleuropa mehr als 50 Menschenleben gefordert. (Foto: dpa)

die in Amerika Hurrikane, im westlichen Pazifik Taifune und im Indischen Ozean Zyklone genannt werden, sind gewaltige Wassertransporteure.

Wenn Luft aufsteigt, fällt am Boden der Luftdruck, bildet sich ein Tiefdruckgebiet. In Äquatornähe, wo laufend von der Sonne erwärmte Luft nach oben steigt, herrscht daher ständig niedriger Luftdruck. Meteorologen sprechen von der äquatorialen Tiefdruckrinne. Sinkt erkaltete Luft zurück in tiefere Schichten, wird der Druck am Boden größer. Da die Luftschichten in Bodennähe eine höhere Temperatur haben, erwärmt sich die niedergehende Luft zudem. So kann sie wieder mehr Feuchtigkeit im gasförmigen Zustand halten. Die Wolken lösen sich auf – keine gute Voraussetzung für Regen. In den subtropischen Hochdruckgürteln nördlich und südlich der äquatorialen Tiefdruckrinne liegen die meisten Wüsten. Ganz schön kompliziert also, was aus der Sonnenstrahlung wird, die gleichförmig Tag für Tag in die Atmosphäre einfällt. Meteorologen können ein Lied davon singen.

Lothar & Co.

Das Weihnachtsfest 1999 werden viele Menschen in Süddeutschland, Frankreich und der Schweiz nicht vergessen. Am 26. Dezember tobte Orkantief Lothar mit hierzulande unbekannter Gewalt über sie hinweg. Böen erreichten Spitzengeschwindigkeiten von 151 Stundenkilometern in Karlsruhe bis zu 259 Stundenkilometern auf dem Wendelstein in den Bayerischen Alpen.

Der Orkan riss Dächer auf, stürzte Strommasten und Kräne. In Frankreich legte er dreimal so viel Holz um, wie sonst in einem ganzen Jahr geschlagen wird. In Baden-Württemberg wurden die Waldschäden auf 1,5 Milliarden Mark geschätzt – eine Katastrophe, wie es sie dort seit über 200 Jahren nicht gegeben hatte. Ähnlich in der Schweiz: Seit Aufnahme der Sturmholzstatistiken im Jahr 1879 wurde ein derartiges Ausmaß von Waldschäden nicht registriert.

Lothar kam nicht allein. Zwei Tage später setzte das Orkantief Martin das Zerstörungswerk fort, wenige Wochen zuvor war bereits Anatol über Nordeuropa hinweggebraust.

Drei Jahrhundertstürme in einem Monat – ist das noch Zufall? Zeigen sich etwa die Vorboten eines dramatischen Klimawandels durch den Treibhauseffekt (siehe Seite 51)? Fachleute diskutieren diese Möglichkeit, sind sich aber noch keineswegs sicher. Geowissenschaftler bemühen sich, diese Frage durch Klimaforschung zu klären.

Wahrsager der Wissensgesellschaft: Meteorologen sagen die Zukunft voraus – und das meist besser, als landläufig angenommen. (Foto: Bilderberg, Peter Ginter)

Die Propheten mit den Teraflops

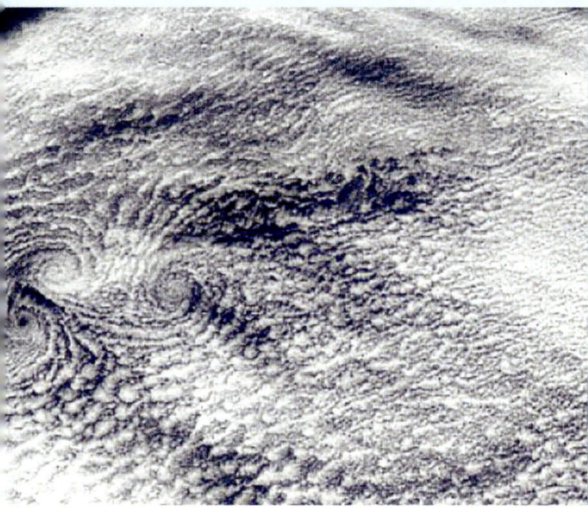

Eine besondere Wolkenverwirbelung hat sich an der Insel Guadalupe östlich von Mexiko gebildet. (Foto: NASA)

Cumulus-Wolken transportieren Wärme und Feuchtigkeit in höhere Luftschichten. (Foto: IÖZ, TU Freiberg)

Titelblatt des „Hundertjährigen Kalenders“. (Quelle: Bildarchiv Preussischer Kulturbesitz)

Luftnummer

Was ist dran am Hundertjährigen Kalender? Die Entstehungsgeschichte lässt keinen Zweifel: nichts. Sieben Jahre lang, von 1652 bis 1658, registrierte Mauritius Knauer, Abt des Klosters Langheim bei Bamberg, das örtliche Wetter. Aus diesen Aufzeichnungen fertigte ein Arzt aus Erfurt, Christoph Hellwig, Wettervorhersagen für die Jahre 1701 bis 1801, indem er das Wetter sich alle sieben Jahre wiederholen ließ. Es war eine Geschäftsidee von dauerhaftem Erfolg: Bis heute machen die vom Bamberger Uralt-Wetter abgeleiteten Prognosen jedes Jahr aufs neue die Runde.

»Jeder schimpft auf das Wetter, aber keiner tut etwas dagegen.«

Mark Twain

Haben auch Sie häufig Wissenschaftler zu Besuch? Warten Sie an manchen Tagen auch schon gespannt auf die neuesten Forschungsergebnisse, die Resultate höchst aufwändiger Prozeduren? Von Supercomputern nach ausgefeilten mathematischen Modellen aus Fluten von Messdaten berechnet, die aus aller Welt und aus dem All ständig heranströmen? Die Wahrscheinlichkeit dafür ist beträchtlich, denn: Wetterberichte im Fernsehen haben ein großes Publikum...

Wie das Wetter morgen und übermorgen und in einer Woche sein wird, hätten die Menschen schon immer gern gewusst. Um in die Wetterzukunft blicken zu können, musste man allerdings überhaupt erst einmal verstehen, wie Wetter funktioniert.

Verständlich, dass die Menschen in früheren Zeiten das schwer durchschaubare Geschehen oft den Launen ihrer Götter zuschrieben. Immerhin aber vermuteten griechische Gelehrte schon seit dem sechsten Jahrhundert vor Christus, dass das Wetter natürliche Ursachen hat. Zu einer systematischen Erforschung waren jedoch Messinstrumente erforderlich, um Veränderungen in der Luft exakt zu registrieren. Im 17. Jahrhundert wurden Thermometer und Barometer erfunden, Anfang des 19. Jahrhunderts entstand die erste Wetterkarte. Sie zeigte allerdings lediglich die Vergangenheit, denn die eingetragenen Werte des Luftdrucks mussten per Post übermittelt werden. Mit der Telegrafie ging die Übertragung schneller. 1851 wurden auf der Weltausstellung in London nur wenige Stunden alte Wetterbeobachtungen von 22 Stationen präsentiert. Vorhersagen ließen sich freilich auch daraus noch nicht ableiten. Da half nur Alltagserfahrung, wie sie sich in vielen Bauernregeln widerspiegelt. Immerhin liegt bei nicht allzu hohen Ansprüchen im Mittel zu 78 Prozent richtig, wer voraussagt, dass das Wetter morgen etwa so sein wird wie heute. Doch gerade jene Fälle, in denen sich das Wetter ändert, mitunter überraschend heftig und manchmal katastrophal, sind die interessantesten.

> Erster Wetterdienst

Den Anstoß zur Einrichtung von Wetterdiensten gab eine militärische Katastrophe. Während des Krimkrieges 1854 zerschellten englische und französische Kriegsschiffe in einem plötzlich aufgekommenen Sturm an der felsigen Küste des Schwarzen Meeres. Eine Untersuchung ergab: Das Unglück hätte vermieden werden können, wenn die Flotte vor dem über England, Deutschland und Ungarn heranziehenden Sturm telegrafisch gewarnt worden wäre. Zwei Jahre darauf richtete Frankreich als erstes Land einen Wetterdienst ein. Andere Länder folgten.

Doch das Geschäft war schwierig. Auf den Wetterkarten zeichneten sich zwar Hoch- und Tiefdruckgebiete ab, aber noch wusste man wenig über die Zusammenhänge. Der Durchbruch kam erst Anfang des 20. Jahrhunderts, als der norwegische Geophysiker Vilhelm Bjerknes die wetterbestimmenden Vorgänge in der Atmosphäre in mathematische Formeln fassen konnte. Damals war es jedoch unmöglich, die Gleichungen schnell genug für eine Vorhersage zu lösen. Noch für Jahrzehnte blieben die Meteorologen darauf angewiesen, das aktuelle Wettergeschehen auf Wetterkarten möglichst genau zu erfassen und dann aus Erfahrung auf die zukünftige Entwicklung zu schließen – bis nach dem Zweiten Weltkrieg die Computer kamen.

Die Leistungsfähigkeit der Rechner verzehnfachte sich alle fünf bis sechs Jahre, aber gleichzeitig wuchs auch die Menge der zu verarbeitenden Daten. Die schnellsten Computer bewältigen heute drei Billionen Rechenoperationen pro Sekunde (drei Teraflops), aber die Meteorologen sind damit noch längst nicht zufrieden. In ihren Rechenmodellen überziehen sie die Erde mit einem dreidimensionalen Gitter, und der Rechner ermittelt für jeden einzelnen Gitterpunkt aus den

Wenn das **Christkind** kommt

„El Niño", das (Christ-)Kind, nannten peruanische Fischer schon im 19. Jahrhundert einen Anstieg der Wassertemperatur, der alljährlich um die Weihnachtszeit die Fischfangsaison vor ihrer Küste beendete. In unregelmäßigen Abständen, alle zwei bis sieben Jahre, ist die Erwärmung besonders stark. Dann wird gleichzeitig die Atmosphäre in weiten Teilen der Erde in Wallung gebracht: mit sintflutartigen Regenfällen in Trockengebieten und Dürrekatastrophen in sonst reichlich mit Niederschlägen bedachten Regionen. Dieses Phänomen ist gemeint, wenn man heute von einem El Niño spricht.

Die im tropischen Pazifik wehenden Passatwinde (siehe S. 41) treiben warmes Oberflächenwasser von Osten nach Westen. Dadurch steigt vor der südamerikanischen Küste nährstoffreiches Wasser einer kalten Strömung auf und beschert den Fischern reiche Beute, bis gegen Jahresende warmes Wasser aus dem Westen zurückfließt. Alle paar Jahre aber kehrt sich der Luftdruck in einer Art Schaukeleffekt völlig um. Die Passatwinde erlahmen. Das warme Wasser schwappt mit Macht zurück und verdrängt das kalte für längere Zeit.

Klimatologen können heute die Entwicklung eines El Niño monatelang im Voraus erkennen. Solche langfristigen Vorhersagen sind von großer volkswirtschaftlicher Bedeutung. So kann man je nach den erwarteten Niederschlägen Vorsorge treffen: etwa Vorsichtsmaßnahmen gegen Waldbrände verstärken oder dem erwarteten Klima gemäße landwirtschaftliche Kulturen anbauen.

Ein Ehepaar paddelt in der chinesischen Stadt Wuhan zum Einkaufen, indonesische Schuljungen laufen in einer Vorstadt von Jakarta durch einen ausgetrockneten See – in beiden Fällen wird ein El Niño als Ursache für Flut bzw. Dürre vermutet. (Foto: dpa)

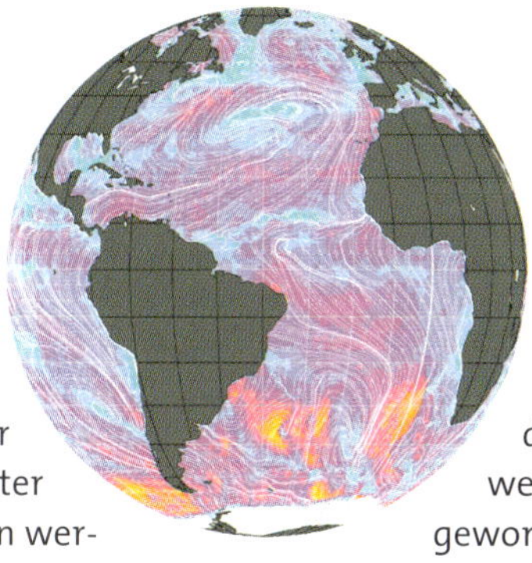

Ein Meer voller Winde: Ein Satellit hat die Richtungen (Linien) und Stärken (Farben) der wassernahen Winde über dem Atlantik an einem einzigen Tag gemessen. (Foto: NASA)

meteorologischen Ausgangsdaten die Wetterentwicklung. Je größer die Kapazität der Rechner ist, desto dichter kann das Gitter gezogen werden.

> Wetterfrösche und Schmetterlinge

Die noch zu weiten Maschen führen dazu, dass Meteorologen immer wieder auf Unglauben stoßen, wenn sie von über 90 Prozent Treffern bei ihren Vorhersagen für den nächsten Tag sprechen. Im großen Zusammenhang mag etwa die Prognose „Schauerneigung" stimmen, doch Laien kommt es darauf an, ob es nun bei ihnen geregnet hat oder nicht. Wo aber genau Schauer niedergehen, lässt sich nicht vorhersagen. Doch es gibt auch echte Pannen. So wurde 1999 das verheerende Orkantief Lothar von den Wetterdiensten falsch eingeschätzt.

Bei den Prognosen für den nächsten Tag konnte die Trefferquote in den letzten Jahrzehnten zwar kaum noch verbessert werden, aber die Vorhersagen sind wesentlich differenzierter geworden. Hieß es früher für ein größeres Gebiet „heiter bis wolkig", so wird heute auch angegeben, wo etwa gute Chancen für Sonnenschein bestehen. Bei der mittelfristigen Vorhersage erreichen Prognosen auf fünf Tage die Zuverlässigkeit von Zwei-Tage-Prognosen zu Anfang der siebziger Jahre. Darüber hinaus können Vorhersagen bis auf etwa zehn Tage voraus noch nützliche Informationen liefern. Das erschien Anfang der 1960er Jahre schier aussichtslos.

Damals machte der amerikanische Meteorologe Edward Lorenz bei Untersuchungen an einem vereinfachten Modell von Luftströmungen in der Atmosphäre eine Aufsehen erregende Entdeckung: Schon kleinste Störungen können enorme Auswirkungen haben, weil die dadurch entstehende Unsicherheit mit der Zeit exponentiell, also unverhältnismäßig schnell wächst. Das war die Geburtsstunde des „Schmetterlingseffekts", den Lorenz in der Frage formulierte: „Löst der Flügelschlag eines Schmetterlings in Brasilien einen Tornado in Texas aus?" Als Synonym für unvorhersehbare Entwicklungen wurde der Schmetterlingseffekt zum Symbol der Chaosforschung.

Neuere meteorologische Untersuchungen zeigten allerdings, dass die Unsicherheit in der Regel lediglich am Anfang exponentiell wächst, später aber viel langsamer (linear), weil neue Phänomene statistischer Natur ins Spiel kommen. So ähnlich, wie sich die Bewegungen einzelner Moleküle in einem Liter Luft bei der Vielzahl von Kollisionen unmöglich verhersagen lassen, das Verhalten aller Moleküle zusammen aber schon: mess- und berechenbar mit Größen wie Druck, Temperatur oder Dichte. Was immer die Meteorologen also von noch besseren und längerfristigen Vorhersagen abhält – die Schmetterlinge sind es nicht.

Roboter sorgen für Ordnung in diesem vollautomatischen Magnetband-Silo im Deutschen Klimarechenzentrum in Hamburg. Hier werden die Daten für die Klimamodellierung gespeichert und verwaltet. (Foto: DKRZ)

Schon kleinste Störungen können für die Wettermaschine grosse Auswirkungen haben. Dass der Flügelschlag eines Schmetterlings einen Tornado auslösen kann, bleibt allerdings ein Mythos. (Foto: photodisc/ius)

Händler verkaufen 1997 in einer indonesischen Stadt Atemschutzmasken an die Autofahrer. Ursache der gesundheitsschädlichen Rauchschwaden sind grosse Waldbrände in Südostasien. (Foto: dpa)

Die missbrauchte Atmosphäre

Ein „grosses geophysikalisches Experiment“ nannte vor zwei Jahrzehnten der amerikanische Meeresforscher Roger Revelle, was die Menschheit mit der Lufthülle treibt. Es ist ein sehr einfaches Experiment: Man lässt so viel Kohlendioxid in die Luft, wie bei steigendem Wirtschaftswachstum eben anfällt.

Über die Auswirkungen von zusätzlichem Kohlendioxid (CO_2) in der Luft haben Gelehrte schon im 19. Jahrhundert nachgedacht. Sie kamen zu dem Schluss, dass sich die Atmosphäre erwärmen müsste. Das tut sie nun auch. Die am Boden gemessenen Temperaturen sind im weltweiten Durchschnitt seit 1860 um 0,7 Grad Celsius gestiegen – eine beachtliche Steigerung, wie Klimatologen immer wieder versichern. Die 1990er Jahre waren das wärmste Jahrzehnt. Nach Auswertung natürlicher Klimaarchive wie Baumscheiben, Korallen und Eisbohrkerne kamen die Wissenschaftler zu dem Schluss, dass die Temperatur im letzten Jahrtausend niemals so schnell und so hoch

Rauchende Schlote: Was früher ein Symbol für Wohlstand war, wirkt heute bedrückend und bedrohlich. (Foto: photodisc)

Waldluft auf Knopfdruck. In dieser Simulationskammer werden die Selbstreinigungskräfte der Atmosphäre erforscht. Luft unterschiedlichster Zusammensetzung wie Stadtluft, Waldluft oder Atlantikluft kann hier erzeugt werden. (Foto: Forschungszentrum Jülich)

»Die frische Luft des freien Feldes ist der eigentliche Ort, wo wir hingehören; es ist, als ob der Geist Gottes dort den Menschen unmittelbar anwehte ...«

Johann Wolfgang von Goethe

angestiegen ist wie in jüngster Zeit. Natürliche Ursachen haben zum gegenwärtigen Anstieg allenfalls teilweise beigetragen.

Der Temperaturanstieg wird sich nach den Voraussagen der Forscher in den kommenden Jahrzehnten noch erheblich beschleunigen. Der Zwischenstaatliche Ausschuss zum Klimawandel (Intergovernmental Panel on Climate Change, IPCC), ein Experten-Gremium, dem mehrere tausend Wissenschaftler in aller Welt zuarbeiten, gab in seinem jüngsten Bericht Anfang 2001 die Prognose ab, dass die Durchschnittstemperatur im Jahr 2100 zwischen 1,4 und 5,8 Grad höher liegen wird als 1990. Der Meeresspiegel wird zwischen 9 und 88 Zentimeter ansteigen.

Aber die globale Temperatur-Erhöhung ist nur die am leichtesten fassbare Größe des Klimawandels. Neben den Temperaturen ändern sich auch die Niederschläge. Erwartet wird zudem, dass Wetterextreme zunehmen: schwere Stürme, Regenfluten, Dürreperioden.

> Wer verliert?

Doch mit detaillierten Aussagen tun sich die Forscher schwer. Wo wird es besonders warm – und wo vielleicht auch kälter? Welche Gebiete trocknen aus und welche werden häufiger von „Jahrhundertfluten" heimgesucht? Wo kommt es zu abrupten Klimaänderungen, zu „Klimasprüngen"? Etwa bei uns in Europa, falls der wärmende Golfstrom erlahmt? Die komplizierten Verhältnisse in der Atmosphäre sowie die vielfältigen Wechselwirkungen mit den Ozeanen, den riesigen Eisflächen und der Vegetation machen es bislang unmöglich, verlässliche Vorhersagen für bestimmte Regionen abzugeben.

Fest steht indes, dass es zahlreiche Verlierer des Klimawandels geben wird. Nur die größten Optimisten können annehmen, dass Abermillionen ihrer bisherigen Lebensgrundlagen beraubter Menschen von den besser davongekommenen mit offenen Armen aufgenommen werden. Die historische Erfahrung lehrt das Gegenteil. Danach drohen Unruhen und Konfrontationen, Verteilungskämpfe auf einer dicht bevölkerten Erde mit weltweit verflochtenen Strukturen.

Mit dem abgeklärten Blick auf Jahrmillionen weisen manche Geowissenschaftler darauf hin, dass die Erde schon ganz anderes überstanden hat. In der

Das **Wohlstand**sgas

Jedes Jahr bringt die Menschheit bei der Energieerzeugung durch Kohle, Öl und Gas 22 Milliarden Tonnen CO_2 in die Luft. Dazu kommen noch einmal über sieben Milliarden Tonnen, die durch Vernichtung von Wäldern und die Zerstörung anderer Naturräume freigesetzt werden. Ohne die fossilen Energieträger aber und den Strom, der aus ihnen erzeugt wird, läuft so gut wie nichts in der Welt von heute. Ob wir heizen oder kühlen, mit dem Auto oder der Bahn fahren – immer entsteht CO_2. (Foto: DPA)

Brandrodung in Belize südlich von Mexiko. (Foto: photodisc)

Tat: Der Erde machen Klimawandel nichts aus. Die längste Zeit ihrer Geschichte war das Klima wärmer als heute, aber vor etwa 600 Millionen Jahren war die Erde auch bis in die Tropen vereist. Schaden erleidet die menschliche Gesellschaft, die in der heute überfüllten und global vernetzten Welt auf Änderungen der gewohnten Verhältnisse höchst empfindlich reagiert. Ein Klimawandel wird sich umso gravierender auswirken, je schneller er eintritt.

Während Wissenschaftler vor dem „Treibhauseffekt" warnen, ringen Politiker auf internationalen Konferenzen um Vereinbarungen, die „UN-Klimarahmenkonvention", „Kyoto-Protokoll" oder „Bonner Beschluss" heißen. Bislang handelt es sich vornehmlich um Absichtserklärungen, meist leider auf kleinstem gemeinsamem Nenner. Ein Wunder ist das nicht, denn die Menschheit hat sich in eine extrem schwierige Lage gebracht.

> Das Dilemma

Kohlendioxid kann nicht wie gewöhnliche Luftverunreinigungen mit Elektrofiltern, Entschwefelungsanlagen oder Katalysatoren einfach aus den Abgasen zurückgehalten werden. Es ist das natürliche Endprodukt jeglicher Verbrennung. Sein Anstieg in der Luft resultiert aus dem immensen Energieverbrauch vor allem in den industrialisierten Ländern und zum geringeren Teil aus großflächigen Brandrodungen in den Tropenwäldern.

Die Luft muss seit jeher viele Substanzen aus den anderen Sphären aufnehmen, von vulkanischen Gasen bis zu flüchtigen Stoffen, die von Pflanzen und Tieren abgegeben werden. Im Laufe langer Zeiträume hat sie sich zwar in ihren Grundbestandteilen verändert, doch im Allgemeinen sorgen Selbstreinigungsmechanismen dafür, dass Fremdstoffe schnell wieder entfernt oder zersetzt werden.

Jahrhundertelang wurde die Atmosphäre ohne größere Folgen auch mit dem fertig, was der Mensch ihr zumutete, etwa bei Verhüttungsprozessen.

JEDES JAHR EIN NEUER REKORD: DIE KURVE ZEIGT DEN CO_2-GEHALT DER ATMOSPHÄRE NACH MESSUNGEN AUF DEM MAUNA LOA IN HAWAII. IN DER WACHSTUMSPERIODE DER PFLANZEN AUF DER NORDHALBKUGEL FÄLLT SIE JEWEILS LEICHT ZURÜCK. (FOTO: NOAA)

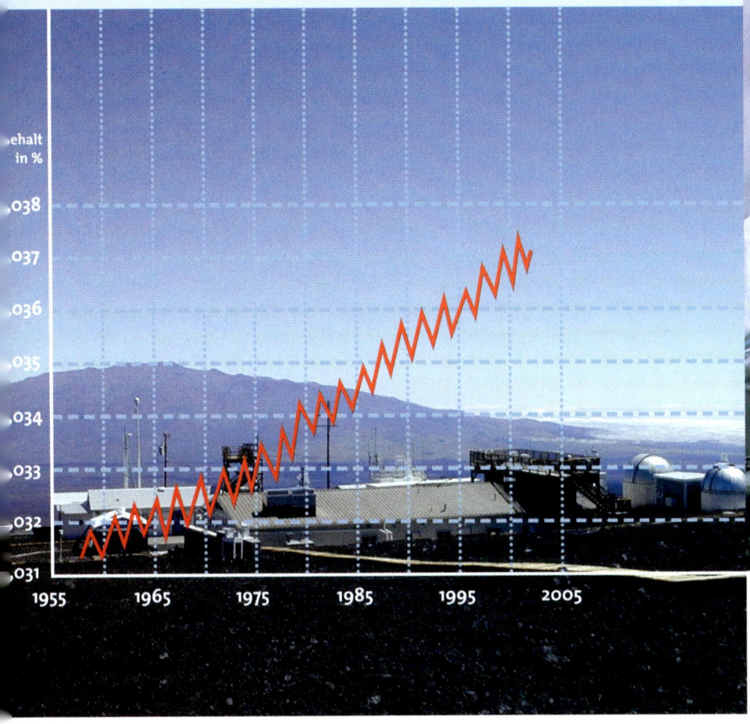

AUCH PFLANZEN PRODUZIEREN STOFFE, DIE ZUM SOMMERSMOG BEITRAGEN. IN DIESER KAMMER WERDEN SIE GEMESSEN. (FOTO: FZJ)

Reizendes Wetter

Am Boden entsteht das Reizgas Ozon (O_3) in gesundheitsschädlichen Konzentrationen, wenn durch menschliche Aktivitäten in die Luft gebrachte Stickoxide und hauptsächlich von Pflanzen abgegebene flüchtige organische Verbindungen miteinander reagieren. Stickoxide gehen bei Verbrennungsprozessen in die Luft. Die pflanzlichen Produkte werden zum Anlocken von bestäubenden Insekten, zum Abschrecken von Fressfeinden, als Stresssignale und aus noch unbekannten Ursachen zu hunderten von Millionen Tonnen jährlich abgegeben. Voraussetzung für die Reaktion ist starke Sonnenstrahlung. Deshalb gibt es Smogalarm nur bei schönstem Wetter.

Mit dem aufkommenden Industriezeitalter nahm die Luftverschmutzung immer weiter zu. Als in den 1970er Jahren die Belastung durch Stäube und Ruß sowie den durch Schwefeldioxid und Stickoxide ausgelösten sauren Regen in manchen Gebieten unerträglich geworden war, halfen gesetzliche Auflagen schnell – der Himmel über dem Ruhrgebiet wurde wieder blau. Die klassischen Schadstoffe halten sich ohne Nachschub nur wenige Tage, höchstens Wochen in der Luft. Auch der berüchtigte Sommersmog mit hohen Ozon-Konzentrationen in Bodennähe dauert nicht lange an, der Alarm kann immer schnell abgeblasen werden.

Das ihr aufgebürdete Kohlendioxid hingegen wird die Atmosphäre so schnell nicht wieder los. In einem komplizierten System von Kreisläufen zirkuliert das CO_2: Es findet sich nicht nur in der Atmosphäre, sondern auch in den Gewässern und Ozeanen, im Boden und in den Gesteinen. Lebewesen verarbeiten CO_2 zu Biomasse – beim Abbau organischer Substanz wird es wieder frei. Das eingespielte Gleichgewicht wird nun durch die Menschheit schwer gestört. In ihrem Energiehunger setzt sie schlagartig gewaltige Mengen CO_2 frei, die über Millionen Jahre in den fossilen Brennstoffen gebunden waren. Jeden Tag wird davon weltweit mehr verbrannt als in tausend Jahren Erdgeschichte aus unverwesten Lebensresten entstanden ist.

Nur etwa zur Hälfte wird der jährliche Zugang an CO_2 in die Kreisläufe eingeschleust. Die andere Hälfte bleibt 50 bis 200 Jahre lang in der Atmosphäre hängen. Lag der CO_2-Gehalt der Luft vor der Industrialisierung bei 0,028 Prozent, so ist er inzwischen auf 0,037 Prozent gestiegen.

> Wer im Glashaus sitzt

CO_2 übt in der Atmosphäre eigentlich eine segensreiche Wirkung aus: Zusammen mit Wasserdampf, der den größten Teil beiträgt, hält es die Erde

Im Thüringer Nationalpark Hainich untersuchen Forscher hoch über den Wipfeln den Gasaustausch der Bäume. (Foto: Thomas Stephan/MPI für Biogeochemie)

Am 1. März 2002 startete der bisher grösste Umweltsatellit ins All: ENVISAT. Der rund acht Tonnen schwere und zehn Meter hohe Koloss wird in 800 Kilometern Höhe mit zehn wissenschaftlichen Instrumenten fünf Jahre lang Daten sammeln. (Foto: ESA, Montage: ius)

warm. Ähnlich den Glasscheiben eines Gewächshauses lassen beide zwar das Sonnenlicht zur Erde strömen, fangen aber die in längeren Wellen schwingende Infrarot-Strahlung ab, die von der erwärmten Erdoberfläche ausgesandt wird. Ohne diesen natürlichen Treibhauseffekt betrüge die Temperatur an der Erdoberfläche statt durchschnittlich +15 nur -18 Grad. Das zusätzlich in die Luft gebrachte CO_2 verstärkt nun diese Wirkung direkt und indirekt. Indem es nämlich die Lufttemperatur erhöht, ermöglicht es der Luft, mehr Feuchtigkeit aufzunehmen, und so wird der Treibhauseffekt weiter angeheizt.

Der zusätzliche „anthropogene" Anteil ist heute meist gemeint, wenn vom Treibhauseffekt gesprochen wird. Daran sind einige weitere „Treibhausgase" beteiligt: neben Methan, dessen natürlicher Gehalt in der Atmosphäre durch menschliche Aktivität erhöht wird, sind das Distickstoffoxid, Ozon und Fluorchlorkohlenwasserstoffe (FCKW), die Ozonkiller in der Stratosphäre. Doch Kohlendioxid ist der zentrale Faktor.

Um die Folgen genauer abzuklären, nutzen die Wissenschaftler das ganze Instrumentarium modernster High Tech. Der am 1. März 2002 gestartete europäische Umweltsatellit ENVISAT liefert ein Fülle neuer klimarelevanter Messdaten etwa über die Zusammensetzung der Atmosphäre, die Temperatur und den Wellengang der Meere, Veränderungen des Meeresspiegels und der Eiskappen, den Zustand der Wälder. Immer leistungsfähigere Computer ermöglichen eine ständige Verbesserung der Klimamodelle mit einer feineren Auflösung und einer stärkeren Berücksichtigung der Wechselwirkungen.

Der erreichte Wissensstand gibt indes längst hinreichend Anlass für entschlossenes politisches Handeln. Das ist,

da es global erfolgen muss, eine Aufgabe für Titanen. Um den CO_2-Gehalt der Atmosphäre auch nur bei 0,055 Prozent zu stabilisieren, so haben Berechnungen ergeben, müsste der Ausstoß weltweit um 50 Prozent, in den Industrieländern sogar noch stärker gesenkt werden. Doch auch ein weniger radikaler Kurswechsel wäre nicht ohne Wirkung. Er könnte die Entwicklung immerhin verlangsamen und der Menschheit mehr Zeit verschaffen, sich auf veränderte Bedingungen einzustellen.

DAS „OZONLOCH" ÜBER DER ANTARKTIS 2001: DIE INZWISCHEN AUS DEM ALLTAG VERBANNTEN CHEMIKALIEN, DIE ES VERURSACHEN, SIND IN DER HÖHE NOCH LANGE AKTIV. (FOTOS: AWI OBEN, NASA RECHTS)

Das **Loch** über der **Antarktis**

Sie galten als eine der großartigsten Entdeckungen der chemischen Industrie: Fluorchlorkohlenwasserstoffe (FCKW) sind sehr stabil und langlebig, ungiftig und unbrennbar. In höheren Sphären machen sie jedoch Ärger: in der Troposphäre wirken sie als starke Treibhausgase und in der Stratosphäre werden sie von UV-Strahlen zerlegt. Die dabei freigesetzten Chlor-Atome greifen das Ozon an, das die Erde wiederum vor UV-Strahlen schützt. Dabei ist das Chlor als Katalysator derart effektiv, dass ein einziges Atom bis zu 100 000 Ozon-Moleküle zerstören kann. Voraussetzung für diesen Prozess ist einerseits Sonnenschein, andererseits extreme Kälte von etwa minus 80 Grad.

Anfang der achtziger Jahre wurde der Ozon-Abbau über der Antarktis entdeckt. Seitdem stellen die Forscher jedes Jahr im September/Oktober ein Aufreißen des „Ozonlochs" fest – immer dann, wenn die Sonne wieder die antarktische Stratosphäre erreicht, die Temperatur dort aber noch sehr niedrig ist. In den letzten Jahren war diese Zone starker Ausdünnung fast dreimal so groß wie Europa. Auf der Nordhalbkugel wird es für derart dramatische Auswirkungen nicht kalt genug. Immerhin enthält die Stratosphäre über Deutschland heute in den Wintermonaten 10 bis 15 Prozent weniger Ozon als 1970.

Die internationale Staatengemeinschaft reagierte schnell mit Einschränkungen und Verboten. Weil jedoch viele FCKW-Moleküle die Ozonschicht erst jetzt erreichen, hat sich der Prozess noch nicht umgekehrt. Die ursprünglichen Verhältnisse in der Stratosphäre werden erst wieder Mitte des Jahrhunderts erwartet.

Auch im Kalk von Korallen findet sich ein „Thermometer", das Auskunft gibt über die Klimabedingungen zur Zeit seiner Entstehung. Hier pirscht sich ein Taucher an ein besonders grosses Exemplar heran. (Foto: Geomar)

Auf den Spuren der vergangener

»Erzähle mir die Vergangenheit, und ich werde die Zukunft erkennen.« Konfuzius

Jahrzehntelang mussten Forscher des 19. Jahrhunderts um Anerkennung für ihre Entdeckung kämpfen, dass die Gletscher in den Alpen einst viel mächtiger waren und viel weiter reichten als heute. Noch viel schwerer fiel die Erkenntnis, dass kilometerdickes Eis auch von Norden her weit nach Mitteleuropa vorgestoßen ist – mehrmals in Abständen von jeweils rund 100 000 Jahren.

Nach den Erkenntnissen der Paläoklimatologen ist das Eiszeitalter, das vor 2,5 Millionen Jahren anbrach, noch nicht zu Ende: Wir leben lediglich in einer milden Phase. Bis zur nächsten Kaltzeit dauert es wohl noch ein paar tausend Jahre, doch ganz sicher ist das nicht. Da möchte man gern wissen, wie ein so ausgeprägter Klimawandel abläuft, wie schnell er vor sich geht und

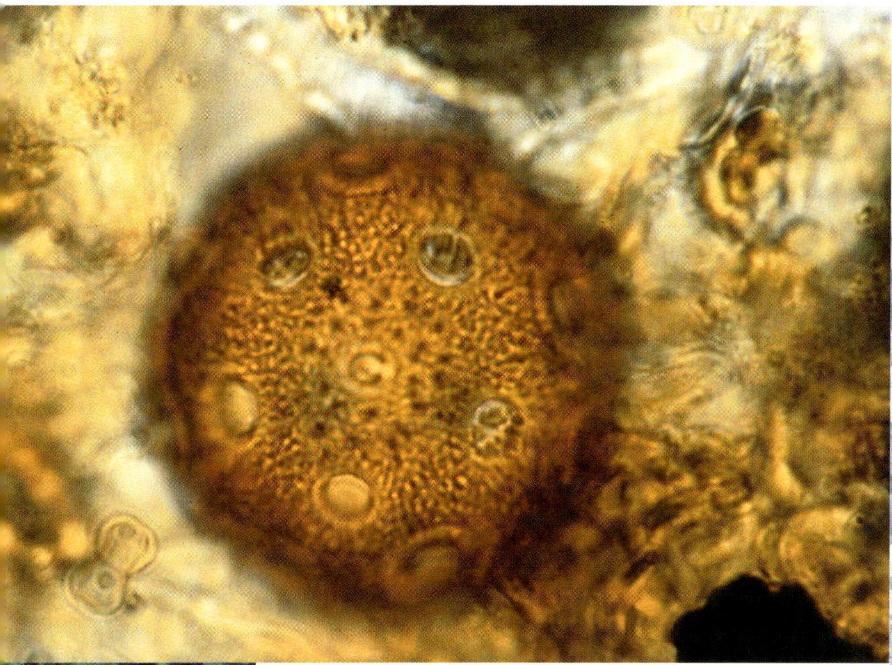

Pollenkorn unter dem Mikroskop. Findet man Blütenstaub, wie hier von einem Nelkengewächs, in einer Sedimentschicht, so deutet dies auf eine waldfreie Umgebung hin. Denn: die Vertreter dieser Familie sind an helle Standorte gebunden. (Foto: LfGR Brandenburg)

Die Schalen abgestorbener Kieselalgen dienen den Forschern zur Klimabestimmung bei ehemaligen Gewässern. Hier sind sie unter dem Rasterelektronenmikroskop zu sehen. (Foto: LfUG Sachsen)

Zeit

ob es Signale gibt, die frühzeitig das Ende unserer Warmzeit ankündigen.

Aktueller ist jedoch die Diskussion um den von der Menschheit bewirkten Treibhauseffekt, der nach nahezu einhelliger Meinung der Fachwelt das Erdklima schon in den nächsten Jahrzehnten gravierend beeinflussen wird. Um die Auswirkungen genauer abschätzen zu können, studieren die Forscher, wie sich das Klima schon ohne menschlichen Einfluss verändert hat.

Dabei geht es auch immer darum, den Ursachen für die natürlichen Klimawechsel auf die Spur zu kommen. Klimatologen unterscheiden interne, innerhalb des Systems Erde wirkende und externe Faktoren. Externe Einflüsse können Veränderungen der Sonnenaktivität sowie Variationen der Erdbahn und der Neigung der Erdachse sein. Intern wirken etwa Veränderungen in der Ausdehnung des Eises, in der Vegetation, im Verlauf von Meeresströmungen, in den Oberflächenformen der Erde.

> Einfluss der Sonne

Obgleich die astronomischen Unregelmäßigkeiten die Sonneneinstrahlung auf der Erde nur um weniger als ein Prozent verändern, genügt das nach den Berechnungen der Wissenschaftler, Klimaschwankungen bis hin zum Wechsel von Warm- und Kaltzeiten anzuschieben. Wechselwirkungen und Rückkoppelungen auf der Erde verstärken den Effekt. So führt eine Ausdehnung ständig schneebedeckter Flächen durch verstärkte Reflexion der Sonnenstrahlung zu immer weiterer Abkühlung. Wie das Zusammenspiel zwischen der Atmosphäre und den anderen Sphären im Einzelnen funktioniert, suchen die Forscher durch ihre Untersuchungen herauszubekommen.

Um das Klima vergangener Zeiten zu rekonstruieren, bedarf es ausgefeilter Detektivarbeit. Temperaturmessungen gibt es erst seit dem 17. Jahrhundert. Weiter zurück reichen Chroniken mit Berichten über Dürren, Fluten und schneereiche Winter, über gute und schlechte Ernten, die Ausdehnung des Weinanbaus. Aus all dem zeichnen sich im letzten Jahrtausend eine wärmere und eine kältere Phase deutlich ab. Zum einen das warme „Mittelalterliche Klimaoptimum" von etwa 900 bis 1300, in dem die Wikinger die heutige Eisinsel Grönland „grünes Land" nannten (auch wenn sie damit vielleicht nur den besiedelbaren Rand meinten). Zum anderen die „Kleine Eiszeit" von etwa 1500 bis 1800 mit häufigen Missernten und Hungersnöten in Mittel- und Westeuropa.

Scheibe eines 1200 Jahre alten Wacholderbaums. An der Dicke jedes einzelnen Ringes lesen die Forscher ab, wie günstig die klimatischen Bedingungen in dem betreffenden Jahr waren. Das Besondere: hier kann man einfach von der Gegenwart zurück zählen, braucht also keine weiteren Verfahren zur Altersbestimmung. (Foto: Forschungszentrum Jülich)

Eiskalt serviert: Eisbohrkerne sind hervorragende Klimaarchive. (Foto: AWI)

Ein **Lob** dem **Isotop**

Ein Sauerstoff-Atom hat in seinem Kern „Protonen". Diese elektrisch positiv gelad nen Teilchen bestimmen seine chemisch Eigenschaften. Dazu kommen noch die u geladenen „Neutronen" – und von den kann Sauerstoff verschieden viele haben: 9 oder 10. Diese „Isotope" des Sauersto sind dann natürlich unterschiedlich schw (und heißen ^{16}O, ^{17}O und ^{18}O). Das hat phy kalische Konsequenzen: Wasser-Moleki (H_2O) zum Beispiel neigen, je nachdem sie ein ^{16}O- oder ein ^{18}O-Atom enthalte unterschiedlich stark zum Verdunsten u Kondensieren. Daraus haben Geowisse schaftler ein Verfahren abgeleitet, mit de sie sogar die Temperatur bei der Bildu polarer Eisschichten bestimmen können.

Genauer und für viel längere Zeiträume ist das Klima in Archiven der Natur aufgezeichnet, die sich die Paläoklimatologen erschlossen haben. Ihre Informationen holen sich die Forscher aus Baumstämmen und Korallen, aus Mooren und Höhlen, aus Seen und den Ozeanen, aus dem Eis. Aus den ganz unterschiedlichen Klimaarchiven entsteht allmählich ein umfassendes Bild von der Klima-Vergangenheit unseres Planeten.

> Die Geschichtsbücher der Erde

Ein alter Baumstamm zeigt an seinen Ringen, in welchen Jahren die Bedingungen für sein Wachstum gut und in welchen sie schlecht waren. Der Kalk der Tropfsteine (Höhlensinter) gibt Aufschluss über das Klima außerhalb der Höhle zur Zeit ihrer Entstehung: In warmen Phasen, wenn durch die Höhlendecke reichlich kalkhaltiges Wasser sickerte, wuchsen sie kräftiger als in kalten. Von Nutzen sind solche Informationen freilich nur, wenn man weiß, aus welcher Zeit sie stammen. Dafür gibt es eine Reihe bewährter Datierungsverfahren.

Angewehter Blütenstaub in Mooren und Seeböden gibt, weil sich Pollenkörner von Art zu Art unterscheiden, Aufschluss über die Vegetation und damit auch über das Klima zur Zeit der Ablagerung. Ähnlich lassen sich Reste von einzelligen Wasserbewohnern, von Kieselalgen und Urtierchen, in Seeablagerungen und Ozeanböden auswerten. Die einzelnen Arten haben bestimmte Ansprüche an die Wassertemperatur, und die wiederum hängt vom Klima ab.

In mancherlei Archiven stecken regelrechte Thermometer aus der Zeit ihrer Entstehung. Bei der „Sauerstoff-Isotopen-Methode" untersuchen Forscher

Bohren in schöner Umgebung. Manchmal sind die Arbeitsbedingungen für Geowissenschaftler auch angenehmer als im ewigen Eis. Wie hier im Maarsee Lago Grande di Monticchio in Süditalien. (Foto: GFZ-Potsdam)

Maarsee-Bohrkern. An den einzelnen Schichten lassen sich die verschiedenen Jahre abzählen. Mit dem Elektronenmikroskop werden die feinen Streifen dann auf Klimaindikatoren wie Kieselalgen hin untersucht. (Foto: GFZ-Potsdam)

das Verhältnis des seltenen Sauerstoff-Isotops ^{18}O zum „normalen" Sauerstoff ^{16}O in den Kalkgehäusen von Fossilien, im Korallenkalk und in Jahrtausende altem Eis. Sauerstoff ist im Kalk wie auch im Wasser enthalten, und es hat sich gezeigt, dass das Verhältnis von ^{18}O zu ^{16}O bei der Bildung der polaren Eisschichten oder der Kalkgehäuse von Meerestieren temperaturabhängig ist.

> Flatterhaftes Klima

Die einzelnen Klimaarchive liefern Informationen aus unterschiedlichen Regionen und unterschiedlichen Zeiträumen. Sie ergänzen einander und haben daher alle ihre Bedeutung. Besonders glücklich aber sind Paläoklimatologen, wenn Archive gut ausgeprägte Jahresschichten aufweisen und Zehntausende von Jahren zurückreichen. Das ist bei Bohrkernen aus dem ewigen Eis und bei Sedimentkernen aus Maarseen (durch vulkanische Gasexplosionen entstandene Kraterseen) der Fall. In einem Eisbohrkern aus der Antarktis wurden sogar Klimainformationen aus über 400 000 Jahren gefunden!

Das übereinstimmende Ergebnis aller Untersuchungen: Das Klima ändert sich ständig; in großen Schwankungen und in kleinen, regional und global, und es verändert sich schnell. Das Grönlandeis offenbarte in der letzten Kaltzeit etwa zwei Dutzend Episoden, in denen die Insel sich innerhalb weniger Jahrzehnte und manchmal nur einiger Jahre um fünf bis zehn Grad erwärmte und dann wieder abkühlte. Die rapiden Klima-Umschwünge waren nicht, wie zunächst vermutet worden war, auf die Polargebiete beschränkt – in Maarseen zeigen sich die Schwankungen eher noch deutlicher. Das Klima der Erde ist offenbar schnell aus einem gerade herrschenden Gleichgewicht zu bringen.

Der Staub heftiger Vulkanausbrüche kann noch in grosser Entfernung zu charakteristischen Schichten führen, die als Zeitmarken dienen. (Foto: GFZ-Potsdam)

Die **Uhren** der Archive

Auf der Suche nach dem Klima längst vergangener Zeiten stellt sich den Paläoklimatologen immer auch die Frage, wie alt die von ihnen entdeckten Spuren sind. Sie ist einfach zu beantworten, wenn von der Gegenwart zurückgezählt werden kann wie bei den Ringen eines frisch geschlagenen Baums. In den Sedimenten von Maarseen und den Eisbohrkernen von Grönland können Jahresschichten aus Zehntausenden von Jahren abgezählt werden. Gelingt es auf diese Weise, markante Ereignisse in der Erdgeschichte zu datieren – zum Beispiel extreme Vulkanausbrüche mit Mengen über die Erde verbreiteter Asche – können diese Lagen als „Eichmarken" dienen, um das Alter weniger ordentlich geschichteter Ablagerungen festzustellen.
Viele Klimaarchive besitzen Uhren in Form radioaktiver Substanzen, die in festgelegtem Rhythmus zerfallen. Die Radiokarbonmethode beruht auf dem Zerfall des radioaktiven Kohlenstoffs ^{14}C, der in einem ungefähr gleich bleibenden Verhältnis mit dem stabilen Kohlenstoff ^{12}C von Lebewesen aufgenommen und auch in Kalk ($CaCO_3$) eingebaut wird. Sobald die Zufuhr von Kohlenstoff mit dem Tod eines Lebewesens oder auch der Ablagerung von anorganischem Kalk endet, beginnt die Uhr zu ticken: Durch den Zerfall des ^{14}C verändert sich mit der Zeit dessen Verhältnis zu ^{12}C. So können bis etwa 50 000 Jahre alte organische Reste und Kalkablagerungen datiert werden.

feuer

Reifenpanne auf dem Weg zum Ursprung unseres Planeten. Im westaustralischen Busch liegen nicht nur uralte Steine, sondern auch messerscharfe Holzsplitter im Gras. (Foto: D. Röhrlich)

Schnappschüsse aus dem Kinderz

Wir sind in Mileura, einer Schaffarm, etwa 800 Kilometer nordöstlich der westaustralischen Hauptstadt Perth. Obwohl nur fünf Menschen hier draußen leben, ist diese Farm auf jedem Weltatlas zu finden. Was sollte man auch sonst eintragen, größere Orte gibt es nicht. Unser Ziel sind die Jack Hills, eine niedrige Hügelkette mitten im Nirgendwo. Der Weg dorthin führt über einen mit roten Bändern markierten Bush-Track. Simon Wilde wechselt gerade einen Reifen. Wer hier querfeldein unterwegs ist, rechnet ständig mit Pannen, denn überall wachsen Mulgas. Sterben diese Bäume ab, zersplittert ihr Holz zu messerscharfen Spänen, die dann verborgen im hohen Gras liegen. Reifen haben da kaum eine Chance. Eine Stunde später aber ist die Fahrt ohne weitere Stopps geschafft.

Wir stapfen bergauf durchs hohe Gestrüpp, klettern über Felsblöcke und lassen uns schließlich im spärlichen Schatten einer Mulga nieder. Schon die weißlichen, groben Sandsteine, auf denen wir sitzen, sind uralt – etwas mehr als drei Milliarden Jahre. In ihnen steckt aber etwas noch viel Älteres: Genau hier hat Simon Wilde winzige Zirkone ($ZrSiO_4$) entdeckt, die fast so alt sind wie die Erde selbst. Der bislang älteste bringt es auf 4,405 Milliarden Jahre. Als er entstand, existierte unser Planet gerade mal 150 Millionen Jahre. Konzentriert man die rund 4,55 Milliarden Jahre des Erdalters auf zwölf Stunden, waren 24 Minuten vergangen, als der winzige Splitter kristallisierte. Dieser Zirkon öffnet ein Fenster zurück in eine Epoche,

IN DIESEM HÜGEL HABEN WISSENSCHAFTLER ZIRKONE GEFUNDEN, DIE FAST SO ALT SIND WIE DIE ERDE SELBST. IM VORDERGRUND EINE DER ABGESTORBENEN „MULGAS“, DIE MIT IHREM HARTEN, SCHARFKANTIGEN HOLZ DEN WEG DORTHIN FÜR JEEPS SO BESCHWERLICH MACHEN. (FOTO: D. RÖHRLICH)

PLANETENKEIME RASEN AUFEINANDER UND BILDEN DEN GESTEINSKLUMPEN, AUF DEM WIR HEUTE LEBEN. DIE DABEI ENTSTANDENE HITZE GLÜHT NOCH IMMER IM INNEREN UNSERER ERDE. (GRAFIK: COLORSHOP, M. BARTHOLDY)

mmer

von der wir sonst nichts wissen: in die Zeit direkt nach der Planetenentstehung.

Der Grund: Zirkone sind für die Ewigkeit gemacht. Einmal kristallisiert, sind sie äußerst widerstandsfähig und speichern nahezu unveränderlich die Bedingungen ihres Entstehens. Jedes Mineralkorn wird so zu einer Momentaufnahme. Mit Hilfe aufwändiger physikalischer Methoden gelang es den Wissenschaftlern, diesen „Schnappschuss“ zu analysieren. Aus der atomaren Zusammensetzung der Zirkone schlossen sie, dass diese Kontakt mit Oberflächenwasser gehabt haben mussten, als sie entstanden – nur 150 Millionen Jahre nach der Geburt der Erde. Das wäre eine Sensation, denn dazu müsste der Planet blitzschnell abgekühlt sein und eine feste Kruste gehabt haben, anstatt, wie nach derzeit herrschender Auffassung, 700 Millionen Jahre dafür zu brauchen. Gab es aber schon so kurz nach der Entstehung Wasser an der Erdoberfläche, hätten alle anderen Entwicklungen ein paar hundert Millionen Jahre mehr Zeit gehabt als gedacht – die Entstehung des Lebens und seine frühe Entwicklung eingeschlossen. Kein Wunder, dass das Zeugnis des Kristalls angezweifelt wird. Inzwischen bekommt der Zirkon Unterstützung, unter anderem durch Compu-

Aus **Staub** geboren

Am Anfang unseres Sonnensystems kreist um die junge Sonne eine Materiescheibe aus Gas und Staub, in der immer wieder Stäubchen zusammenstoßen. Geschieht das mit dem richtigen Tempo, verschmelzen sie zu Splitterchen. Später werden so dann aus den Splittern Steine und aus den Steinen Planetenkeime. Die rasen weiter ineinander – und falls sie nicht zu schnell sind und sich bei der Kollision gegenseitig zerstören, sind irgendwann aus ihnen Planeten geworden. Einer davon ist die Erde.

DER PLANET THEIA KOLLIDIERTE VOR ETWA 4 MILLIARDEN JAHREN MIT DER ERDE (LINKS). DABEI WURDE IN RIESIGEN ERUPTIONEN HEISSES, FLÜSSIGES GESTEIN IN DEN WELTRAUM GESCHLEUDERT (RECHTS, FÜNF STUNDEN NACH DEM ZUSAMMENPRALL). AUS DIESEN TRÜMMERN BILDETE SICH DER MOND. (GRAFIK: W. K. HARTMANN)

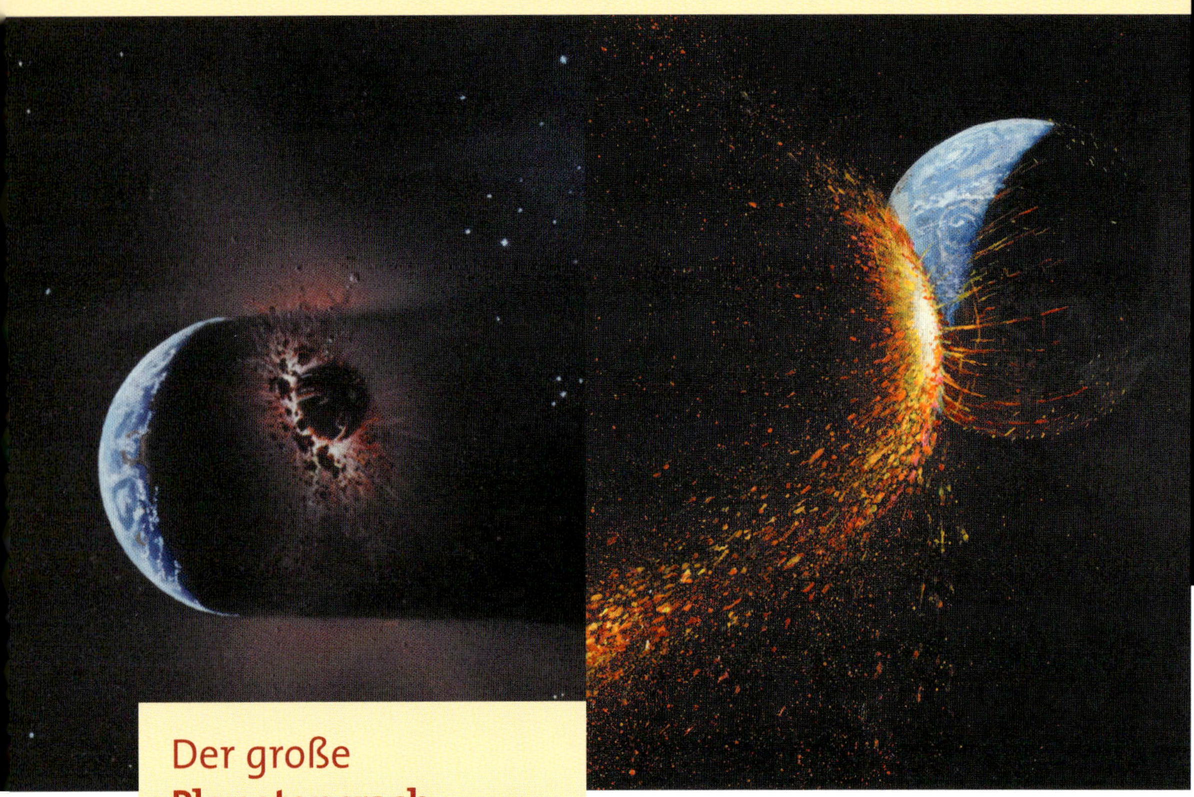

Der große **Planetencrash**

Im jungen Sonnensystem gab es mindestens einen Planeten mehr als heute: Theia. Theia war etwa so groß wie Mars und kreuzte auf dem Flug um die Sonne die Erdbahn. 500 Millionen Jahre lang ging das gut. Eines Tages aber kollidieren beide Planeten: Der Crash zerreißt die Erde fast. Ein Teil von ihr und das meiste von Theia werden als glutflüssiges Gestein in den Weltraum geschleudert. In der Erdumlaufbahn entsteht ein Ring aus Trümmern – und aus ihnen bildet sich der Mond.

tersimulationen. Die legen nahe: Die Erde war damals keine Hölle aus glutflüssigem Magma, vielmehr reichen 100 Millionen Jahre aus, damit flüssiges Wasser an der Oberfläche stabil bleibt.

› Zarte Schale, heißer Kern

Unstrittig ist: Als dieser Zirkon entstand, beherrschte Vulkanismus die Erde. Mit der Unzahl an Vulkanen, die überall die Kruste durchbrechen, will der Planet seine innere Hitze loswerden, denn unter der dünnen Haut kocht er regelrecht. Im Erdkörper ist die noch frische Energie aus den zahllosen Kollisionen von Planetenkeimen gespeichert, und zusätzlich heizt die intensive Strahlung aus dem Zerfall der radioaktiven Elemente im Gestein. Der Erdkörper ist weich, teilweise geschmolzen, die Schwerkraft trennt die Elemente. Die schweren sickern nach unten, im Zentrum entsteht der Eisenkern. Die leichten Elemente schwimmen auf und bilden die erste Kruste aus erstarrtem Magma.

Die Vulkane spieen damals gigantische Mengen an Wasserdampf, Gas und Magma in die Atmosphäre. Wasserdampf und Kohlendioxid sorgten für einen ungeheuren Treibhauseffekt. Die Erde überhitzte aber nicht, denn noch war die Sonne schwächer als heute. Die uralten Zirkone erzählen, dass es nach der Planetenentstehung recht schnell so kühl wird, dass der Wasserdampf in der Atmosphäre zu endlosen Wolkenbrüchen kondensiert. Es regnet viele Jahrtausende lang, die Urmeere bilden sich. Haben sie sich so früh gesammelt, wie es die Zirkone vermuten lassen, ist fraglich, ob sie von Dauer waren, denn immer wieder müssen Asteroiden und Kometen und auch die letzten Planetenkeime die feste Erdkruste zerfetzt und das Wasser verdampft haben.

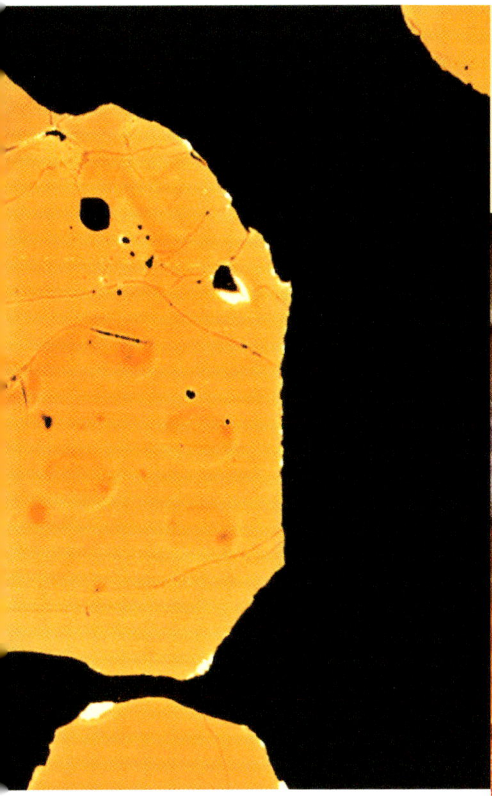

Der älteste Kristall, der je gefunden wurde. Elektronenmikroskopische Aufnahme eines Zirkon-Splitters aus Westaustralien. Das Alter der oberen Spitze des Kristalls wurde mit Hilfe physikalischer Verfahren auf 4,405 Milliarden Jahre bestimmt. (Foto: J. Valley, S. Wilde)

Inferno im Kinderzimmer. Während endlose Gewitterstürme auf der Erde wüten, reissen schwere Gesteinsbrocken aus dem All tiefe Löcher in die Erdkruste. In einen so entstandenen Lava-See prasseln hier kleinere Asteroiden. (Grafik: GEO, J. Kühn)

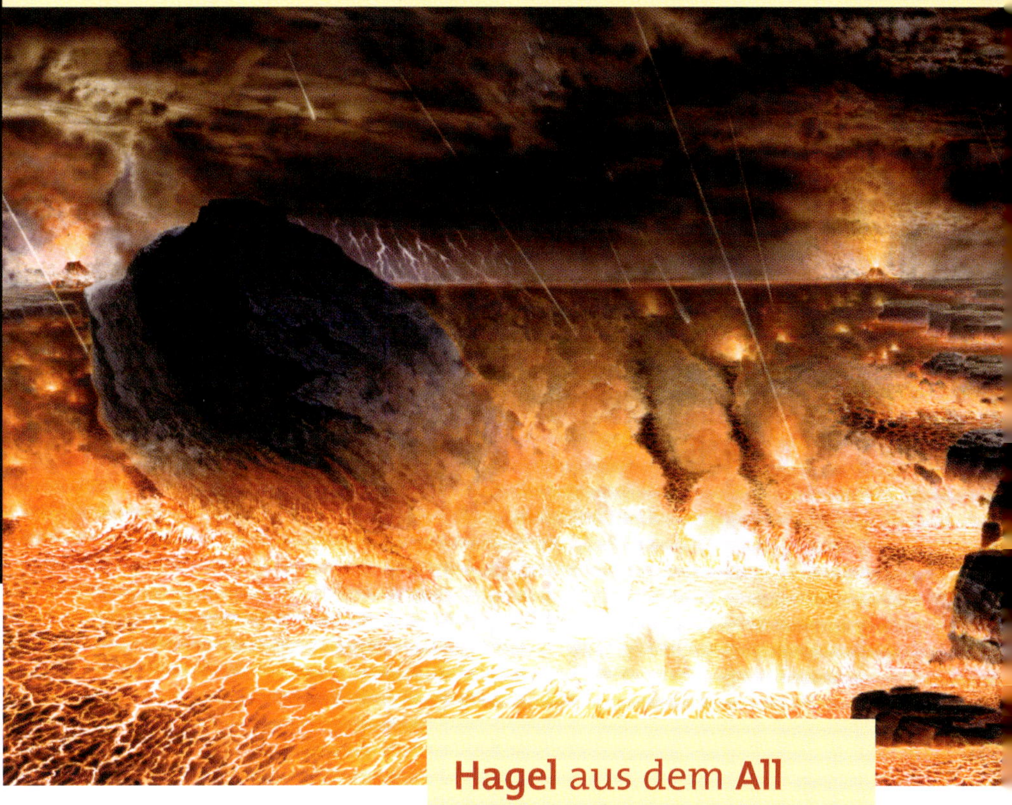

Hagel aus dem All

Vor 3,9 Milliarden Jahren trifft ein wahrer Regen aus größeren Gesteinsbrokken (den Asteroiden) und schmutzigen „Schneebällen" aus Eis und Staub (den Kometen) die inneren Planeten. Bis heute zeugen die Krater auf Mond und Mars von diesem großen kosmischen Bombardement. Auch die Erde wird schwer getroffen. Aber anders als die anderen uns bekannten Planeten verändert die Erde ständig ihr Gesicht. Die Plattentektonik (s. S. 64) sorgt dafür, dass nach 100 oder 200 Millionen Jahren fast alle Spuren wieder verwischt sind. Ein Erbe jener Tage aber blieb bis heute: Damals kam mit den Asteroiden und Kometen auch ein Teil unseres Wassers zur Erde.

> Keimende Kontinente

Unsere Vorstellung von dieser Frühzeit ist mangels Spuren sehr verschwommen. Die Erde hat damals wohl etwas anders funktioniert als später. Wahrscheinlich brodelte der Planet in seinem Inneren unter einer dünnen, in viele kleine Zellen zerfallenen Kruste, jede einzelne mit Vulkanen an der Oberfläche versehen. Noch hatten sich die gigantischen Walzen nicht ausgebildet, die heute das Erdinnere wie einen Topf heißen Breis um- und umtreiben, und die die Ursache dafür sind, dass die Kontinente über die Erdkruste wandern. Die ältesten derzeit bekannten Spuren dieses Prozesses, der so genannten Plattentektonik (siehe nächstes Kapitel), reichen 2,5 Milliarden Jahre zurück. Vielleicht aber hat es Vorläuferformen schon früher gegeben, bei denen sich die dicke, leichte Kruste von Kontinenten eher als eine Art Schaum auf der Erde abgesetzt hat. Irgendwann sind dann sehr schnell die Keimzellen der Kontinente, die wir heute haben, entstanden. Jedenfalls hatten sie vor rund 2,6 Milliarden Jahren wie aus dem Nichts bereits zwei Drittel ihrer jetzigen Masse erreicht.

Um wenigstens ein paar Schleier von der entschwundenen Geschichte der Frühzeit wegzuziehen, ist es der größte Traum des australischen Geologen Simon Wilde, das 4,4 Milliarden Jahre alte „Muttergestein" seiner Zirkone zu finden und nicht nur ein paar Kristalle. Die große Frage nämlich lautet: Wie zuverlässig kann das Bild einer Welt sein, das aus weniger als einen Millimeter winzigen Kristallsplitterchen entstanden ist?

Bohren bei Tag und Nacht. In einer Rekordzeit von vier Jahren und sechs Tagen hat die Kontinentale Tiefbohrung (KTB) ihre Endtiefe erreicht. (Foto: BGR, Hannover)

Bohrspezialisten der KTB wechseln einen Meissel aus. Der neue wird dann wieder in neun Kilometer Tiefe versenkt. (Foto: Visum, M. Wolf)

Der große Plattenlad

Eine Bohrung in Windischeschenbach, einer oberpfälzischen Kleinstadt bei Bayreuth. Von einer Kabine aus steuern zwei Männer sie mit einer Art Joystick. Ob sie das Bohrgestänge ein- oder ausfahren wollen oder die Spülpumpen bedienen, alles passiert vollautomatisch, kontrolliert über Monitore. Die Arbeitsbühne in 15 Metern Höhe ist meist leer. Nur wenn der Bohrmeißel gewechselt wird, ist dort etwas los. Immer weiter hievt ein Roboter das Bohrgestänge nach oben, und alle drei Rohrstücke zerlegt er es. Die großen Zangen schwenken die 40 Meter langen Segmente hinüber ins Lager, und der Roboter greift das nächste. Erst wenn der Bohrkopf selbst oben ankommt, packen die Männer mit an. In-

COTOPAXI IN DEN ANDEN IST MIT 5.897 METERN DER HÖCHSTE AKTIVE VULKAN DER WELT. DER DUNKLE, SCHNEEFREIE FLECK UNTERHALB DES GIPFELS IST DEUTLICH WÄRMER ALS DIE UMGEBUNG UND ZEIGT AN, DASS ES IM INNEREN DES BERGES WIEDER RUMORT. (FOTO: BGR, HANNOVER)

PELE, DIE HAWAIIANISCHE GÖTTIN DES FEUERS, GESEHEN VON EINEM MALER DER INSEL (BILD: HAWAIIANEYES.COM, H. K. KANE)

Streit unter Schwestern

Schon den alten Hawaiianern war aufgefallen, dass ihre Inseln nach Nordosten hin immer jünger werden (s. S. 67). Der Legende nach lebte Pele, die Göttin der Vulkane, zunächst auf Kauai. Als ihre ältere Schwester Namakaokahai, die Göttin der See, sie angriff, floh Pele auf die Insel Oahu. Von dort aus wurde sie von Namakaokahai erneut vertrieben und Pele suchte Zuflucht auf Maui und schließlich auf Hawaii. Dort lebt sie bis heute im Halemaumau-Krater auf dem Gipfel des Vulkans Kilauea.

en

nerhalb weniger Minuten setzen sie einen neuen auf, und der Roboter versenkt alles wieder vollautomatisch ins Bohrloch. Bei einer normalen Tiefenbohrung dauert es drei oder vier Tage, ehe in 9000 Metern ein Bohrmeißel gewechselt ist. Der Roboter beschleunigt die Prozedur erheblich: In einem Tag ist alles geschafft und die Bohrung läuft weiter. Deshalb ist die Endtiefe von 9101 Metern schon nach vier Jahren und sechs Tagen erreicht – ein Geschwindigkeitsrekord.

> Weiche Steine

Den Rekord der tiefsten Bohrung hält derzeit ein „Loch" auf der russischen Halbinsel Kola, das bis hinab auf 12.261 Meter reicht. In der Oberpfalz ging es nicht darum, noch weiter in die Erde vorzudringen. Die Forscher hatten vielmehr eine bestimmte Grenzschicht im Visier, an der Gesteine aus ihrem spröden Oberflächenzustand in der Tiefe in einen plastischen übergehen, wo sie sich bruchlos zu verformen beginnen. Das sollte unter den Druck- und Temperaturbedingungen in Windischeschenbach in etwa zehn Kilometer Tiefe bei 250 bis 300 Grad Celsius passieren. Und tatsächlich: Als die Bohrung in dieser Übergangszone angekommen war, veränderte sich die Kristallstruktur der Minerale. Die Quarze im Gestein reagieren dann auf Druck oder Zug nicht mehr mit feinsten Brüchen, sondern sie verformen sich. Die Energie, die durch diesen „Stress" auf die Gesteine wirkt, wird auf diese Weise umgewandelt und kann sich nicht mehr in einem Erdbeben entladen.

Der Stress, der in der Bohrung von Windischeschenbach gemessen wird, hat seine Ursache in der Kollision von Afrika und Europa. Seit Hunderten von Jahrmillionen drängt Afrika nach Norden, hat dabei die Alpen aufgefaltet. Die beiden Kontinente sind Teil eines Systems aus vielen Erdplatten, in das

Mit Bohrschiffen wie der „Joides Resolution“ (rechts) wurde in den letzten Jahrzehnten der Ozeanboden systematisch erforscht. Das Ergebnis: Die Ozeanböden sind sehr jung, höchstens 200 Millionen Jahre, und die Kontinente sind das Alte. (Foto: H. Paulick)

Die Anden sind durch die Kollision der pazifischen Nazca-Platte mit der südamerikanischen Platte entstanden. (Foto: GFZ-Potsdam)

die gesamte Erdkruste zerfällt. Etwa mit der Geschwindigkeit, mit der ein Fingernagel wächst, werden die verschiedenen Einheiten gegeneinander verschoben, also etwa mit einem bis zehn Zentimetern pro Jahr. Die Platten treiben nicht ziellos auf dem Erdinneren dahin wie Federn auf einem See, vielmehr steckt ein Kreislauf dahinter.

› Gebären und Verschlingen

In diesem Kreislauf quillt Lava aus manchmal viele tausend Kilometer langen Bruchzonen tief unten im Meer, den „mittelozeanischen Rücken“. Sie erstarrt zu neuem Meeresboden, der dank der Schwerkraft auch Platz findet: Die zerrt nämlich am anderen „Ende“ des Meeres, wo eine ozeanische Platte mit einer anderen oder mit einem Kontinent kollidiert, den vor Jahrmillionen geförderten und inzwischen wasserreich und schwer gewordenen Ozeanboden wieder zurück ins Erdinnere. Wie eine Zunge taucht der Meeresgrund ab, zieht alles andere einfach hinter sich her und macht so Platz für die Lava des mittelozeanischen Rückens. Hitze und Druck machen das abtauchende Gestein verformbar. Der ehemalige Meeresboden wird teilweise sogar wieder aufgeschmolzen, und die ganze Zunge vermischt sich mehr und mehr mit der Umgebung. Blasen mit zähflüssigem Magma bilden sich und steigen nach oben, Vulkane entstehen. Der Rest des aufgeschmolzenen Meeresbodens vermischt sich mit den großen Strömungen im Erdinneren und fließt eines Tages an einem mittelozeanischen Rücken als Lava wieder aus – der Kreislauf schließt sich.

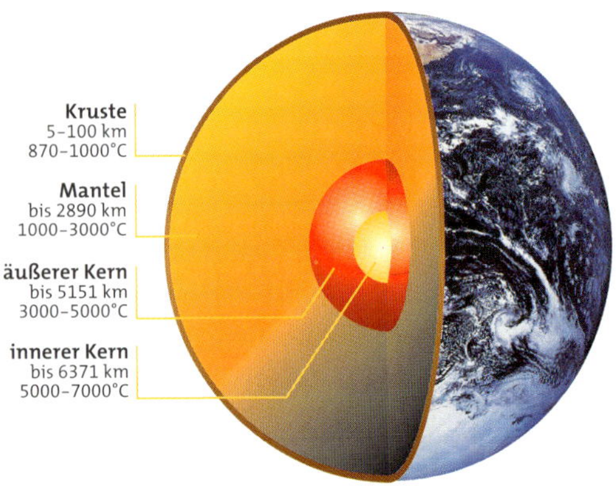

Aufbau der Erde (Grafik: IUS)

Der Mechanismus, der die Krustenplatten an der Erdoberfläche gegeneinander verschiebt, die „Plattentektonik“, erinnert an einen Topf voll dicken Breis, der von unten langsam köchelt. Der aufgeheizte Brei steigt an die Oberfläche, breitet sich aus und beginnt abzukühlen. Dann sinkt er wieder zurück, wird aufgeheizt und steigt erneut auf. Auf der warmen Herdplatte dauert dies Sekunden, im Inneren der Erde Millionen Jahre – denn das Gestein bewegt sich unendlich langsam. Den Part der Kochplatte übernimmt der Erdkern, der diese „Konvektion“ antreibt. Geheizt wird er unter anderem durch den Zerfall radioaktiver Elemente in seinem Innern. Ein großer Teil der Gluthitze in den Eingeweiden unseres Planeten stammt aber bis heute aus den zahlreichen Kollisionen von Gesteinstrümmern, die schließlich zu seiner Geburt geführt haben.

Island befindet sich direkt auf dem Mittelatlantischen Rücken. Dort liegt er ausnahmsweise über der Wasseroberfläche. (Foto: A. Gerdes, MARUM)

Dreieick der Sinai-Halbinsel mit dem Rift des Toten Meeres (rechts). Es zieht sich vom Golf von Aqaba im Vordergrund bis zum Toten Meer, der kleinen Wasserfläche oberhalb der Bildmitte. (Foto: NASA)

Die Inselkette von Hawaii. Sie entstand, weil der Meeresboden dort über einen Hotspot hinwegzieht. Rechts unten die jüngste Insel „Big Island" (Foto: NASA)

Rift

Unter einer Kontinentalplatte kühlt das Erdinnere nicht so stark aus wie unter der relativ dünnen ozeanischen Kruste. Deshalb staut sich die Hitze unter dem Festland und heißes Magma steigt bis an die Oberfläche, wölbt sie auf, bis sie bricht, und treibt dann die Bruchränder auseinander. Ein Rift entsteht. Bleibt das Spannungsfeld im Erdinneren erhalten, wird immer neues Magma gefördert, das drückt die Ränder des Rifts auseinander, und der Riss wird breiter und breiter. Schließlich bricht von irgendwoher Wasser ein: Ein Meer oder Ozean bildet sich.

Mittelozeanischer Rücken

Vor rund 100 Millionen Jahren begannen Nordamerika und Europa sowie Südamerika und Afrika auseinander zu driften. Ein Rift hatte sich gebildet, aus dem ständig Lava floss und so die Kontinente voneinander weg schob. Diese Kluft wurde immer größer und es bildete sich durch Wassereinbruch schließlich der Atlantik. Auch heute noch entsteht an diesem „mittelozeanischen Rücken" durch ausfließende Lava ständig neue Meereskruste, die die Kontinente weiter auseinander treibt.

Kollision Ozean – Kontinent

Eine ozeanische Platte sinkt unter einen Kontinent. Sie taucht in das Innere der Erde ab – wird „subduziert", und dabei entstehen vor der Küste schmale Tiefseegräben. Das passiert zum Beispiel beim Chile-Peru-Graben, wo die ozeanische Nazca-Platte auf die südamerikanische Platte trifft und unter sie gezogen wird. Dabei wird die „anbrandende" südamerikanische Platte hoch gedrückt – so sind die Anden entstanden. In der Tiefe können sich kleinere „Zungen" der abgetauchten Platte festfressen. Ist der Druck so groß geworden, dass sie plötzlich weiterrutschen, entstehen Erdbeben. Auch das zähe Magma, das von der teilweise aufgeschmolzenen Nazca-Platte aus der Tiefe nach oben steigt, birgt große Gefahren. Oft erkaltet es auf dem Weg nach oben und bildet einen gefährlichen „Pfropf". Wird der aufgestaute Druck von unten zu groß, fliegt dieser Pfropf in einer heftigen Eruption heraus.

Hot Spot

Hawaii verdankt seine Existenz einem Hotspot. An der Grenze zwischen Erdmantel und Erdkern gibt es dort aus noch unbekannten Gründen eine ungewöhnlich heiße Zone. Sie heizt den Mantel darüber so stark auf, dass sich eine Säule – ein Plume – aus heißem Gestein wie ein Schneidbrenner nach oben frisst. Reicht der Umgebungsdruck in den oberen „Erdschichten" nicht mehr aus, schmilzt das überhitzte Gestein zu dünnflüssigem Magma – und das speist die gutmütigen Vulkane auf Hawaii. Die Perlenkette der hawaiianischen Inseln entstand, weil die pazifische Platte langsam über den Plume hinweg zieht und sich so die Aktivitätszentren verlagern.

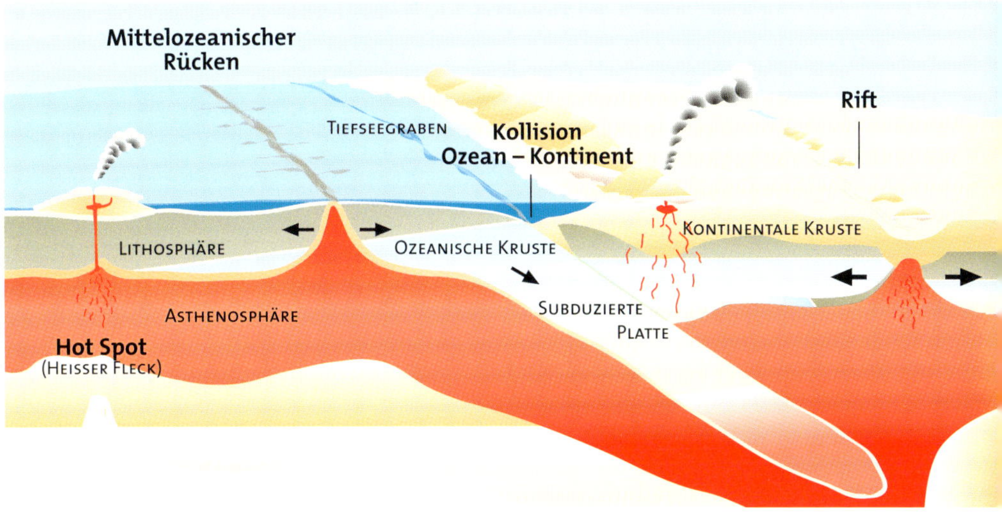

(Grafik: IUS)

Lava-Fontänen und „Lava-Fälle“ am Vulkan Kilauea auf Hawaii. Da das aus dem Erdinneren aufsteigende Magma sehr dünnflüssig ist, kann es hier nicht zu einer gefährlichen „Pfropfenbildung“ kommen. (Foto: H.-U. Schmincke)

Ausbruch des Merapi. Die dabei ausgestossene Glutwolke ist 600 Grad heiss und wälzt sich mit bis zu 100 Kilometern pro Stunde den Hang hinab. (Foto: B.-G. Lühr)

Ihr Blut ist Lava

Es ist Mitternacht, als sich die Wissenschaftler auf den Weg hinauf zum Merapi machen, zum Berg des Feuers in Zentraljava. Die Träger schleppen alles hoch, was die Wissenschaftler brauchen werden, von den Instrumenten über die Zelte bis hin zur Verpflegung. Der Aufstieg beginnt tief in der Nacht, weil es kühl ist. In der feuchten Hitze des Tages würde das Unternehmen zur Qual. Über Trampelpfade und vom Regen ausgewaschene Rinnen geht es den steilen Hang hinauf. Nach vier oder fünf Stunden ist es geschafft: der Gipfel bei Sonnenaufgang.

Jetzt beginnt die Arbeit der Vulkanologen. Der Merapi ist ein explosiver und gefürchteter Nachbar. Besonders gefürchtet sind seine Glutwolken aus heißen vulkanischen Gasen, Aschen und Lavatröpfchen, die sich rasend schnell die Hänge herunterwälzen. Um künftig vor diesen Ausbrüchen besser warnen zu können, rücken die Geophysiker dem Feuerriesen zu Leibe. Seismometer überwachen, ob Lava aufsteigt, denn dadurch treten plötzlich Hunderte oder Tausende von kleinen Erdstößen auf. Ein anderes Zeichen sind Verformungen des Vulkans, also wird die Form des Merapi mit Hilfe von Satelliten beobachtet. Um weitere Anhaltspunkte zu bekommen, überwachen die For-

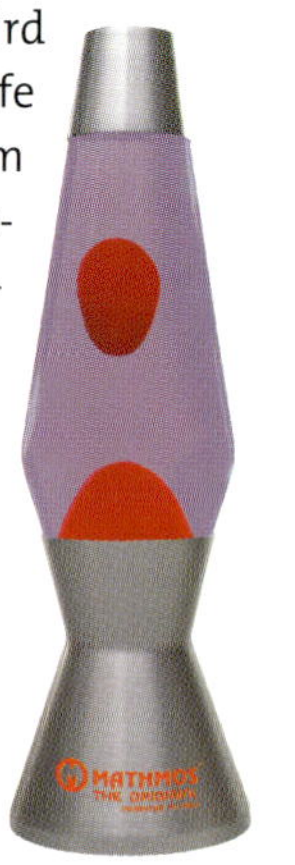

Das Innere der Erde und eine Lava-Lampe haben viel gemeinsam: In beiden wabern Stoffe unterschiedlicher Dichte durcheinander, von unten aufgeheizt durch den Erdkern bzw. eine Lampe am Sockel. (Foto: Mathmos)

Geoforscher errichten mit Hilfe von Einheimischen ein Camp auf dem Merapi. (Foto: S. Helwig)

scher an diesem Vulkan erstmals dauerhaft die Gas- und Dampfaustritte (Fumarolen) am Krater. Weil Regenfälle und schwankende Grundwasserströme das Bild verfälschen, lassen sich die Temperaturveränderungen der Fumarolen nur interpretieren, wenn ihr normales Verhalten klar ist. Ihre Überwachung ist schwierig, weil die aggressiven Gase die Instrumente in kürzester Zeit korrodieren. Deshalb mußten speziell für diese Messungen besonders widerstandsfähige Geräte aus Titan und Teflon entwickelt werden. Die Daten zeigen, dass es den Aufwand wert war. Aus den kontinuierlichen Auswertungen geht hervor, dass sich die Gase zwar hauptsächlich mit der vulkanischen Aktivität ändern, aber wenn in der Regenzeit der Wassergehalt der Fumarolen steigt, sinkt ihre Temperatur ab. Deshalb waren die Vulkanologen Anfang 2001 alarmiert, als mitten in der Regenzeit ihre Temperatur anstieg. Am 21. Januar 2001 brach der Merapi aus.

Auch in Deutschland gab es früher extrem heftige Vulkanausbrüche: Das aufsteigende Magma kam mit dem reichlich vorhandenen Grundwasser in Kontakt und verdampfte es schlagartig. Das Magma zerstäubte und die dadurch ausgelösten Explosionen rissen tiefe Löcher in den Erdboden: die heutigen Eifel-Maare. (Foto: GFZ-Potsdam)

Der Mt. St. Helens vor dem Ausbruch (oben) und danach (unten) (Foto: USGS, D. A. Johnston)

Mount St. Helens

Am Morgen des 18. Mai 1980 ist Mount St. Helens im US-Bundesstaat Washington ein beeindruckend schöner Vulkankegel, umgeben von tiefen Wäldern. Nach zahllosen Beben, kleinen Explosionen und dem Aufblähen der Nordflanke ist klar, was sich zusammenbraut. Die Vorzeichen mehren sich. Am 18. Mai 1980, 8.32 Uhr, setzt der Vulkanologe David Johnston einen Funkspruch ab: „Vancouver! Vancouver! Jetzt ist es so weit." Mit der Gewalt von 20.000 Hiroshima-Bomben explodiert Mount St. Helens. Ein Hangrutsch, bei dem die Nordflanke des Berges zu Tal stürzt, entfesselt eine gigantische Dampfexplosion. 57 Menschen sterben, darunter David Johnston. Statt des Gipfels gähnt ein 1000 Meter tiefes Loch: die Ruine eines Berges.

Nach dem Erdbeben vom August 1999 halb eingestürztes Hotel in der nordanatolischen Stadt Düzce. (Foto: Task Force Erdbeben, Bauhaus-Uni Weimar)

San Francisco nach dem grossen Erdbeben vom April 1906 (Stärke 8,3). Vor allem durch die nachfolgenden Brände kamen schätzungsweise 700 Menschen um, 250.000 wurden obdachlos. (Foto: NISEE, Berkeley)

Zum Zerreißen gespannt

Adapazari, im September 1999. Eine Stadt nach dem Erdbeben. Staub liegt in der Luft. Es riecht nach Ruine, geborstenem Beton, zerbrochenen Steinen, altem Mörtel. Ein Fachwerkhaus hat das Beben überstanden: Nur ein paar Risse durchziehen das Mauerwerk zwischen den Holzträgern. Es wirkt heruntergekommen, aber es steht noch – während der mit glänzend-blauen Mosaiksteinchen verzierte Neubau daneben nur noch ein Gewirr aus Betonbrocken und Stahldrähten ist. Plötzlich liegt süßlicher Verwesungsgeruch in der Luft. Er dringt aus der Ruine.

Istanbul, Izmit, Adapazari, Düzce, die Städte Nordanatoliens liegen auf gefährlichem Grund. Durch den Nordwesten der Türkei zieht sich die Nordanatolische Verwerfung, eine Störung, an der sich – wie in Kalifornien – zwei Krustenplatten gegeneinander verschieben. Immer wieder ist dieser Bruch aktiv. Auch heute leben die Menschen am Bosporus mit der Gefahr, dass ein großes Beben die Millionenstadt Istanbul trifft. Wann es kommt, weiß niemand, aber es ist unausweichlich.

Dass die Erde bebt, liegt vor allem daran, dass sich die Krustenplatten langsam gegeneinander verschieben. Dabei bewegen sich die Platten in die gleiche Richtung wie die langsamen, walzenförmigen Bewegungen des plastischen Gesteins im Erdinneren (s. S. 66). Diese planetenweiten Bewegungen und Kräf-

NICHT NUR ERDBEBEN KÖNNEN DIE SEISMOLOGEN DETEKTIEREN. HIER HAT DIE EXPLOSION IM RUSSISCHEN U-BOOT „KURSK“ AM 12.8.2000 DIE SCHREIBNADEL EINES DEUTSCHEN MESSINSTRUMENTS AUF SPITZBERGEN ZUM AUSSCHLAG GEBRACHT. AUCH DIE EINHALTUNG VON ATOMBOMBENTEST-STOPPS LÄSST SICH SO KONTROLLIEREN. (GRAFIK: GFZ-POTSDAM, FOTO: DPA)

NUR DER WIND KRÄUSELT DIE OBERFLÄCHE VON LOCH NESS. OFFENBAR LÄSST DAS MONSTER IM WASSER MAL WIEDER DEN KOPF HÄNGEN. (FOTO: BTA)

te kümmern sich kaum um das, was am Rand einer Krustenplatte passiert, dort, wo sie auf eine andere trifft und sich mit ihr verhaken kann. In diesem Grenzbereich aber steigen im Lauf der Zeit die Spannungen höher und höher, bis das Ganze schließlich bricht: Die Erde bebt. Große Störungen wie die Nordanatolische Verwerfung bestehen nicht aus einer einzigen, glatten Grenzfläche, sondern aus einer ganzen Zone, einer Schar von Ästen mit unterschiedlicher Aktivität.

Um mehr über die Beben dieser Grenzzone Nordanatoliens zu lernen, haben deutsche Geophysiker im Mudurnu-Tal, einem Seitenast der Verwerfung, ein Messnetz errichtet. Mit dem Satellitennavigationssystem GPS zur genauen Beobachtung kleinster Bewegungen entlang der Störungen, mit Seismometern und „Multiparameter-Stationen“, die Temperatur, Grundwasserspiegel oder auch den Austritt von Gasen registrieren, beobachten die Geoforscher diesen Abschnitt. 1984 hatten sie sich dieses Tal ausgesucht, weil es am Ende des Bruchs liegt, der damals zuletzt aktiv geworden war. Der Grund für diese Entscheidung: Häufig sind diese Gebiete als nächste dran, denn das Beben kann Spannungen dort anwachsen lassen. Hier aber war es anders. Durch die Messungen wurde klar, dass es im Mudurnu-Tal diesmal ruhig bleibt. Die Spannungen bauten sich am Störungsast von Izmit auf. Dort schien sich ein großer Widerstand zu bilden, der kleinen Beben nicht nachgeben wollte. Am 17. August 1999 bebte dann unter Izmit die Erde mit einer Stärke von 7,5. Fast 20.000 Menschen kamen dabei um.

Das **Monster**-Beben

Ist das Monster von Loch Ness nichts weiter als das Schwappen des Seewassers, wenn unter Loch Ness die Erde bebt? Der See liegt direkt oberhalb einer der ältesten aktiven Bebenzonen der Erde: der Great Glen Störung, die bereits seit 400 Millionen Jahren aktiv ist. Italienische Geophysiker zumindest glauben, dass „Nessie“ nur die Reaktion des Wassers auf die Bebenwellen ist. Mittlerweile setzen die Geophysiker öfters mythologische Quellen ein, um über den Zeitraum der Chroniken hinaus die Erdbebengefährdung einer Region einzuschätzen. Im Mittelmeerraum hat sich diese Methode als effektiv erwiesen. Die „Paläoseismologen“ suchen aber auch im Gelände nach Hinweisen auf weit zurückliegende Beben, zum Beispiel abrupten Abrissen. Wenn man an Verwerfungen in der Landschaft Gräben in die Erde zieht und die Profile untersucht, lassen sich unter Umständen die Spuren von starken Beben erkennen. Im Rheinland ist so für den Zeitraum zwischen 610 bis 890 n. Chr. das größte Paläobeben in Breé bei Aachen gefunden worden. Seine Stärke: 6,3 bis 6,4.

Ein Buschfeuer bedroht am 1.1.2002 Wohnhäuser in einem nördlichen Vorort von Sydney. Angefacht von Böen hatten sich die schweren Buschbrände im Südosten Australiens an Neujahr gefährlich nahe an die Millionenstadt herangefressen. (Foto: dpa)

Das gefräßige Feuer

Schon vom Flugzeug aus sieht man die Rauchschwaden des Brandes. In dicken, dunklen Wolken quillt der Qualm über den Boden, steigt Hunderte von Metern in die Luft. Manchmal blitzt im Grau das grelle Orange der Flammen auf. Unbeeindruckt von allen menschlichen Löschanstrengungen frisst sich das Feuer immer näher an das Stadtzentrum von Sydney heran. Eine rauchige Dunstglocke liegt über der gesamten Stadt, Brandgeruch sticht in die Nase. Zum Jahreswechsel ist die australische Millionenstadt akut von Buschfeuern bedroht. Die Feuerwehr hat keine Chance, erst ergiebige Regenfälle löschen die Brände.

In allen Ökosystemen der Erde spielt Feuer eine große Rolle, mal eine zerstörerische, mal eine produktive. Im Mittelmeerraum, den USA oder Australien sind die Brände so alltäglich, dass auf Tafeln der aktuelle Gefährdungsgrad angezeigt wird. Buschlandschaften sind an Brände angepasst. Pflanzen, die hier überleben, sind feuertolerant und haben eine dicke, feuerfeste Borke oder zumindest gut geschützte Samen. Manche Pflanzen wie die australischen Banksien brauchen sogar das Feuer, um zu keimen. Doch zunehmend wüten Flammen auch in Lebensgemeinschaften, in denen es von Natur aus nie brennt, etwa in den Feuchtwäldern der Tropen. Dort zündelt der Mensch, der durch Brandrodungen Wald in Ackerland verwandelt. Da diese Regenwälder nicht darauf eingestellt sind, erleiden sie irreparable Schäden.

Heute verursachen Menschen mehr als 90 Prozent aller Vegetationsfeuer. Mehrere hundert Millionen Hektar gehen pro Jahr in Flammen auf. Oft geraten die Buschfeuer außer Kontrolle und wachsen den Bekämpfern buchstäblich über den Kopf. Daher hat der Feuerforscher Johann Georg Goldammer mit seinen Kollegen ein weltweites Feuerüberwachungszentrum (Global Fire Monitoring Center, GFMC) ins Leben gerufen. Es sammelt alle verfügbaren

Auf diesem ca. 30 Meter hohen Turm ist das automatisierte Waldbrand-Früherkennungssystem (AWFS) installiert. (Foto: DLR)

Wald mit Videoüberwachung

Brandenburg mit seinen ausgedehnten Kiefernwäldern ist das Bundesland mit der höchsten Waldbrandgefahr. Daher suchen Forstarbeiter in der trokkenen Zeit auf Wachtürmen nach den Anzeichen eines Brandes. Südlich von Cottbus wurde jetzt die Versuchsversion eines automatischen Überwachungssystems installiert. Auf drei Türmen beobachten Digitalkameras die Umgebung. Bildauswertungsrechner durchforsten die Aufnahmen noch vor Ort nach Rauchzeichen und alarmieren gegebenenfalls die Leitstelle im Forstamt Peitz. Die Feuerprobe haben die automatischen Stationen 2001 bei einem Waldbrandexperiment bestanden. Schon eine Minute nachdem der Versuchsbrand gezündet worden war, lief die erste Alarmmeldung in Peitz ein.

Ein Savannenbrand wird gelöscht. Obwohl die afrikanischen Savannen an das Feuer angepasst sind, müssen Buschbrände dann bekämpft werden, wenn sie Siedlungen oder Waldreservate bedrohen. Die Mittel dafür sind bescheiden – häufig reichen aber Palmwedel und Feuerpatschen aus, um die Flammen zu stoppen. (Foto: GFMC / MPI für Chemie)

Daten über die Brandsituation auf der Welt, wertet sie aus und ermöglicht so ein frühzeitiges Einschreiten.

Beispiele für nahezu unkontrollierbare Brände gibt es zuhauf – und das nicht nur in den Entwicklungsländern. So konnten die USA 1999 die ausgedehnten Brände in den westlichen Bundesstaaten nur mit internationaler Hilfe in den Griff bekommen. Vor allem aber ärmere Länder sind von intensiven Wald- und Buschbränden überfordert. Äthiopien brachte die Feuer im Jahr 2000 im südlichen Landesteil nur mit Hilfe des GFMC unter Kontrolle. Das Zentrum war damals gerade erst gegründet, als der Hilferuf die Wissenschaftler erreichte. Goldammer und seine Kollegen flogen kurzerhand ans Horn von Afrika und bauten dort eine Koordinierungsstelle auf. Unter ihrer Regie schulten südafrikanische Experten 79.000 einheimische Brandhelfer, die dann an der Feuerfront eingesetzt wurden. Mit einfachsten Mitteln wie Schaufeln und Feuerpatschen bekamen sie die Buschbrände so innerhalb von vier Wochen unter Kontrolle.

Manche mögen's heiss: Die Samenkapsel der australischen Banksie öffnet sich erst bei feurigen Temperaturen. Die völlige Verhinderung von Buschbränden würde zum Aussterben dieser Bäume führen. (Foto: GFMC / MPI für Chemie)

Der bei einem Erdbeben am 17. Januar 1995 umgestürzte Hanshin-Express-Highway in Kobe. Das Beben der Stärke 7,2 auf der Richter-Skala traf Stadt und Region völlig überraschend. (Foto: dpa)

In der Nacht auf den 13. April 1992 hat das stärkste Erdbeben seit fast 240 Jahren die Bewohner des Rheinlandes in Angst und Schrecken versetzt. Hier wurde ein Auto in Bonn durch herabfallende Steine stark demoliert. (Foto: dpa)

Die Sicherheits-Experten

Regelmässig nach einer großen Naturkatastrophe gehen die Bilder von Zerstörung und Verzweiflung um die Welt, und immer wieder geraten die örtlichen Behörden als unorganisiert und ineffizient in die internationale Kritik. Als 1995 in Kobe die Erde mit einer Stärke von 7,2 bebte, brach selbst im Hochtechnologieland Japan das Chaos aus. Bei Bodenbewegungen von 15 bis 25 Zentimetern gerieten beispielsweise die Hochstraßen ins Wanken und brachen zusammen, so dass die Retter ihre Einsatzgebiete nicht erreichen konnten. Die Notfallplanung war nur noch Makulatur.

Auch in Deutschland gibt es durchaus Katastrophenpotenzial, es denkt nur niemand daran. Zum Beispiel im Rheinland: Im Städtedreieck Köln-Aachen-Utrecht haben sich in der Vergangenheit immer wieder Erdbeben ereignet. Das jüngste, das 1992 im deutsch-niederländischen Grenzgebiet Schäden anrichtete, war keineswegs das stärkste. 1756 wurde etwa die Stadt Düren zerstört. Im Oberrheintalgraben um Basel richtete das bislang heftigste hier verzeichnete Beben 1356 schwere Verwüstungen an. Die Rückversicherer haben errechnet, dass ein mittelstarkes Beben, das Köln mit seinem Chemiegürtel direkt trifft, Schäden in Höhe von 48 Milliarden Euro verursachen kann.

Solche Ereignisse sind sehr selten, aber das macht sie gerade gefährlich, weil niemand damit rechnet. Als Reaktion auf dieses Problem wurde das Deutsche Forschungsnetz Naturkatastrophen (DFNK) gegründet. In ihm arbeiten 15

Bei den regelmäßigen Rhein-Überschwemmungen verwandeln sich die Gassen der Kölner Innenstadt in Wasserstraßen. (Foto: T. Loster, München)

Die Richterskala

1–2	Nur durch Instrumente nachweisbar.
3	Selten nahe dem Bebenherd zu spüren. Rund 50.000 Beben auf der Welt pro Jahr.
4–5	Im Umkreis von 50-150 Kilometern um das Bebenzentrum spürbar mit leichten Schäden. Rund 12.000 der Stärke 4 und rund 2.000 der Stärke 5 pro Jahr.
6	Mäßiges Beben, Todesopfer und schwere Schäden in dicht besiedelten Regionen. Rund 200 pro Jahr.
7	**Starkes Beben, das zu Katastrophen führen kann. Rund 20 pro Jahr.**
8	**Großbeben, etwa 3 pro Jahr.**
9–10	**Die Erde wird wie eine Glocke zum Schwingen angeregt und reißt auf einer Länge von mehreren hundert Kilometern auf. Etwa 3 pro Jahrhundert.**

Forschungseinrichtungen aus Deutschland und Österreich zusammen, um die Basis für ein modernes Risikomanagement zu legen. Im Zentrum stehen Erdbeben, Hochwasser, Waldbrand und Sturm. Um der Waldbrandgefahr zu begegnen, wird in Brandenburg geforscht, bei Erdbeben, Hochwasser und Sturm steht Köln im Zentrum. Die westdeutsche Großstadt liegt nicht nur in erdbebengefährdetem Gebiet. Sie wird zusätzlich regelmäßig von Rheinhochwassern getroffen und dazu kommen Stürme, die von Westen über die niederrheinische Tiefebene heranziehen.

Bei der gesamtdeutschen Bilanz der volkswirtschaftlichen Schäden durch Naturkatastrophen schlagen Stürme mit 75 Prozent am stärksten zu Buche, weil sie am häufigsten auftreten. Trotzdem zeigen gerade sie, wie wenig sich Deutschland einer Gefahr bewusst ist. Beispiel „Lothar": Weihnachten 1999 raste dieser Orkan über den Südwesten der Republik hinweg und knickte Strommasten, legte ganze Wälder flach und zerstörte zahlreiche Häuser. Die Meteorologen hatten die Gewalt des Sturms drastisch unterschätzt. Aber auch als dringende Warnungen ausgegeben wurden, fuhren die Menschen zu ihren Weihnachtsbesuchen los, als wäre alles wie immer. Das DFNK steht derzeit vor allem vor der Aufgabe, die Grundlagen für einen funktionierenden modernen Katastrophenschutz zu entwickeln. Welche Informationssysteme braucht man, wie kann das Wissen aufbereitet und erschlossen, wie die Öffentlichkeit vorbereitet werden? Selbst wenn die Gefahr von Naturkatastrophen nur gering erscheint, für den Fall der Fälle muss man vorbereitet sein.

Von **Katzen** und **Katastrophen**

Können Tiere Erdbeben vorhersagen? Laufen vor einem Beben Mäuse und Ratten auf den Straßen herum, fangen Hunde an zu jaulen, versuchen Kühe und Schweine aus den Ställen zu entkommen? Nach dem Beben von Haicheng am 4. Februar 1975 schien es so zu sein. Ein paar Monate zuvor hatte man in dem Gebiet ein Projekt ins Leben gerufen, mit dem das Tierverhalten vor einem Beben erforscht werden sollte. Nach einigen Wochen ohne besondere Vorkommnisse häuften sich plötzlich die Meldungen: Ob Katze oder Fisch, alle Tiere schienen verrückt zu spielen. Am 4. Februar wird um 11 Uhr Katastrophenalarm ausgelöst, die Millionenstadt Haicheng evakuiert. Um 19.36 Uhr bebte die Erde mit einer Stärke von 7,3. Die Hälfte aller Gebäude wurde beschädigt, aber ansonsten verlief alles recht glimpflich. Die chinesischen Forscher jubelten. War ein Durchbruch gelungen? Dann 1976, ein Jahr nach Haicheng, das Fiasko. Am 28. Juli, 03.43 Uhr, kommt es in der ca. 400 km entfernten Hafenstadt Tangshan zur Katastrophe: 242.000 Tote, 800.000 Verletzte. Die Tiere hatten nichts bemerkt.

Ein Tauchboot wird an Deck des Mutterschiffs gezogen. Am Bug erkennt man Lampen, Kameras und Greifarme, mit denen die Wissenschaftler den Boden der Tiefsee untersucht haben. (Foto: J. Erzinger)

Planet mit Lebensinhalt

Eine Druse mit Pyrit. Neben diesem „Katzengold“ findet man auch echtes Gold und andere Edelmetalle in der Nähe der Black Smoker. Pyrit könnte aber ebenfalls zu grossem Ruhm gelangen: als Geburtshelfer des Lebens. (Foto: J. Erzinger)

Orgelpfeifen der Tiefsee. Dicker Rauch quillt aus den Black Smokern – Lebensgrundlage für eine fremde Welt. (Foto: J. Erzinger)

Die schwarzen **Raucher**

Black Smoker – schwarze Raucher – heißen die Kamine, die sich an heißen Tiefseequellen bilden. Sie wachsen dort empor, wo an Hotspots und mittelozeanischen Rücken die vulkanische Aktivität an die Oberfläche kommt. Kaltes Meerwasser dringt durch Spalten in der Erdkruste Kilometer tief ins Erdinnere in Richtung Magma und erhitzt sich. Dabei reagiert es mit dem Gestein und nimmt vulkanische Gase auf. Beladen mit Methan, Wasserstoff, Schwefel und Metallen kehrt es zurück nach oben, wo es mit bis zu 300 Grad Celsius ausströmt. Wegen des hohen Drucks in 2000 und mehr Metern Meerestiefe kocht das Wasser nicht.

Es ist der 13. Februar 1977 – ein Sonntag. Mit dem Forschungstauchboot „Alwin“ untersucht ein US-Wissenschaftlerteam den Tiefseeboden vor den Galapagos-Inseln. Beim ersten Tauchgang rechnet Jack Corliss nicht mit großen Überraschungen. Dann, in 2600 Metern Tiefe, taucht im Scheinwerferkegel der „Alwin“ plötzlich eine große, weiße Krabbe auf. Der Wärmesensor piept, die Wassertemperatur steigt. „Dort sind noch mehr“, ruft der Pilot aufgeregt: Draußen sind Hunderte von Krabben, alle wegen der ewigen Dunkelheit in der Tiefsee weiß wie Höhlentiere, denn ohne Licht haben Farben wenig Sinn. Überall sind große Muscheln. Riesige Röhrenwürmer wiegen sich im Wasser – sie sehen aus wie Plastikschläuche und um ihre Köpfe lodern lange Federn. Schlagartig wird das Wasser milchig von Millionen von Einzellern. Wo die Meeresbiologen höchstens Bakterien erwartet hätten, war tatsächlich eine vielfältige Lebenswelt. Im Lichtkegel von Alwin hatten Menschen zum ersten Mal eine untermeerische heiße Quelle entdeckt. Schlote, an denen weiße Bakterienkolonien leuchten, ragen auf. Aus ihnen quillt dicker, schwarzer Rauch, daher der Name: „Black Smoker“, schwarze Raucher.

Die Black Smoker stoßen einen Glaubenssatz der Biologie um. Bis zu ihrer Entdeckung galt: Alles Leben hängt direkt oder indirekt von der Sonne ab. Ein Irrtum. Die Sonne ist hier unten bedeutungslos. In diesen lichtlosen Tiefen zählen Wasserstoff, Schwefel und Mineralien wie Sulfide oder Phosphate, die von den Black Smokern aus dem Erdinneren gefördert werden. Das Leben basiert nicht auf der Photosynthese, sondern auf Bakterien, die direkt die chemische Energie der Vulkanquellen nutzen – sie stehen am Anfang der Nahrungskette.

Aufbau der Erde nach dem österreichischen Jesuiten Athanasius Kircher aus dem Jahre 1678 (Quelle: H.-U. Schmincke)

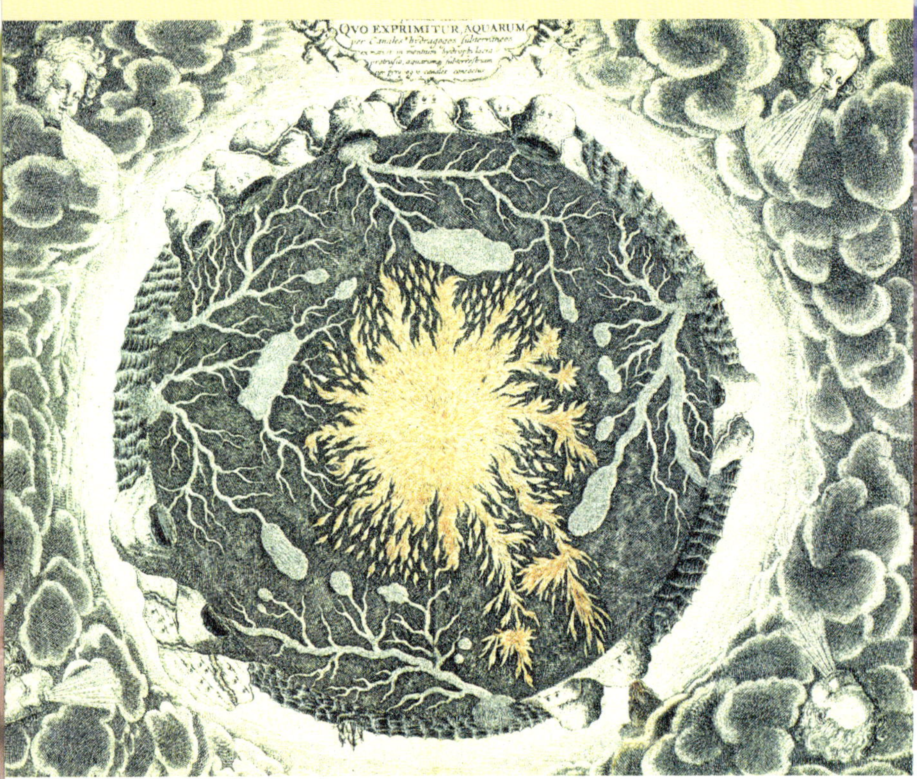

tergeben. Bei dieser Sicht wäre das primitive Leben eine Art mineralisch-organischer Chemie-Roboter, der einzelne Teile aufliest und sie zu einem zweiten, identischen Roboter zusammenbaut. Hin und wieder geschehen bei der Montage Fehler, und manchmal verbessert das den Chemie-Roboter. So schreitet die Entwicklung fort. Je mehr Faktoren bei der Entstehung des Lebens zusammengekommen sein müssen, desto unwahrscheinlicher wird es, dass sich dieser Vorgang oft wiederholt hat.

Dieser Trilobit hat vor dem grossen Massensterben am Ende des Erdaltertums gelebt – also vor mehr als 250 Millionen Jahren. (Foto: Museum Senckenberg, Frankfurt/Main)

> Das Leben greift ein

Diese Komplexität entscheidet auch, wann das Leben auf der Erde Fuß gefasst haben kann. Gerade in der Frühzeit, als der Planet noch oft den Einschlägen herumirrender Asteroiden und Kometen ausgesetzt war, könnten die ersten Gehversuche der Organismen immer wieder ausgelöscht worden sein. War der Mechanismus komplex, dürfte sich das Leben erst nach dem großen kosmischen Bombardement (s. S. 63) vor 3,9 Milliarden Jahren entwickelt haben. War er einfach, könnte das Leben beliebig oft von vorne begonnen haben. Ob vor 3,8 Milliarden Jahren, wie es die einen Forscher glauben, oder vor mindestens vier, wie es andere vermuten, irgendwann hat das Leben die Erde erobert – und es hat sofort in den Kreislauf des Planeten eingegriffen. Zunächst kaum merklich. Schließlich fiel vielleicht schon vor rund 3,5 Milliarden Jahren mit der Photosynthese der Startschuss für tiefgreifende Veränderungen. Die neuen Organismen entzogen der Luft das Klimagas Kohlendioxid und reicherten statt dessen Sauerstoff an. Der Treibhauseffekt sank. Erst der Eingriff der Biologie in das System Erde kühlte den Planeten so weit ab, dass die höheren Lebewesen einschließlich des Menschen entstehen konnten.

So könnte er ausgesehen haben: Pangäa, der lebensfeindliche Superkontinent. Er entstand, als sich alle Kontinentalplatten zufällig zu einer zusammengeschoben hatten. Eine Gegend in Namibia musste für diesen Vergleich herhalten. (Foto: P. Kukla)

Ayers Rock, das Heiligtum der australischen Ureinwohner, der Aborigines (Foto: australienbilder.de, A. Hennig)

Die **Aboriginis** erzählen

Zu Anbeginn der Zeit war nur das große Salzwasser und die Finsternis. Aus den Tiefen des Wassers stieg Ungud empor, die Regenbogenschlange. Sie richtete sich steil auf und warf ihren Bumerang über das Meer. Wo immer er auf seinem Flug das Wasser berührte, schäumte es auf und Land kam hervor. In einer tiefen Höhle schlief die Sonne. Der mächtige Allvater weckte sie und trug ihr auf, die Welt zum Leben zu erwecken. Als die Sonne die Augen aufschlug, verschwand alle Finsternis. Als sie Atem holte, begann sich ein leichter Wind zu regen. Und die Sonne erhob sich zu einer langen Wanderung. Wohin sie sich wandte, es sprangen die Gräser, Blumen, Büsche und Bäume aus dem Boden. Die Sonne schaute in die Erdlöcher und fand dort die Tiere. Sie krochen heraus und belebten die Erde.

> Tödliche Konzentration

Das Verhältnis zwischen Planet und Leben bleibt aber problematisch. Immer wieder stürzt die Erde das Leben in existenzielle Krisen, die „Massenaussterben", bei denen ein Großteil der Arten verschwindet. Das größte war vor etwa 250 Millionen Jahren, als an der Wende vom Erdaltertum zum Erdmittelalter mehr als 95 Prozent der Arten ausstarben. Langsam, aber unaufhaltsam hatten sich in den Jahrmillionen zuvor alle Kontinente zu einem einzigen Superkontinent zusammengeschlossen: Pangäa. Es war eine riesige, lebensfeindliche Landmasse mit heißen und trockenen Sommern und kalten und strengen Wintern. Die vielfältig belebten Küstenstreifen, die früher jeden einzelnen Kontinent umgeben hatten, waren bis auf den um Pangäa verschwunden. Für Küstenbewohner war Lebensraum knapp. Plötzlich begannen im heutigen Sibirien Megavulkane Lava zu fördern. 800.000 Jahre lang floss der Basalt, ungeheure Mengen an Staub und Treibhausgasen gelangten dabei in die Luft. Das Klima wurde extrem instabil: Der Staub sorgte für kurzfristige Abkühlung, während Kohlendioxid, Wasserdampf und Methan längerfristig heizten. Das ohnehin bedrängte Leben kam fast zum Stillstand. Die Ozeane glichen Friedhöfen: Tote Korallenriffe überall, weder Fische, Reptilien noch Amphibien hatten eine Chance. Nur wenige Lebewesen sahen den Anbruch des Erdmittelalters. Die Kräfte aus dem Erdinneren löschten damals blühende Lebensgemeinschaften aus, aber sie gaben der Evolution eine neue Richtung. Die Karten wurden neu gemischt. An Land sollten die Dinosaurier davon profitieren, im Meer die Muscheln und Krebse. Ohne das durch die Plattentektonik verursachte Massensterben wäre das Leben anders verlaufen.

Computersimulation der Venus-Oberfläche in Falschfarben. Die Grundlagen für dieses berechnete Bild stammen aus Radarmessungen der amerikanischen Sonde Magellan und der russischen Missionen Venera 13 und 14. (Simulation: NASA)

Die lieben Verwandten

In der Frühzeit der Planeten gleichen sich Mars, Erde und Venus. Vulkane brechen durch ihre gerade erstarrte Kruste, die immer wieder von Asteroiden und Kometen zerfetzt wird. Alle drei begannen mit flüssigem Wasser an der Oberfläche und einer überwiegend aus Kohlendioxid bestehenden Atmosphäre. Aber dann passierte etwas, die drei entwickelten sich vollkommen unterschiedlich. Die Erde ist heute ein blauer Planet mit lebensfreundlichen Bedingungen von Pol zu Pol. Auf der Venus hingegen galoppiert durch eine dichte Kohlendioxidatmosphäre der Treibhauseffekt, das Thermometer steigt auf rund 450 Grad Celsius. Mars jedoch ist kalt und hat nur noch eine dünne Atmosphäre. Falls es größere Wassermengen auf ihm gibt, sind sie tief im Boden gefroren.

Erde und Venus sind etwa gleich groß und entwickeln in ihrem Inneren auch ähnliche Hitzemengen, allerdings werden sie damit ganz unterschiedlich fertig. Auf der Erde führen die „Walzen" der Plattentektonik (s. S. 66) permanent die Wärme aus dem Planeteninneren nach außen ab. Und: Wann immer Erdkruste entsteht oder vernichtet wird, verbraucht das Energie, und das kühlt. Die Venusoberfläche ist starr, Plattentektonik gibt es nicht. Was fehlt ist Wasser, denn das ist das unverzichtbare Schmiermittel der Plattentektonik. Ohne Wasser fressen sich die Walzen fest wie ein Motor ohne Öl. Zu Beginn hatte Venus etwas Wasser, etwa so viel, dass es für einen zehn Meter tiefen Ozean gereicht hätte. Durch den Treibhauseffekt in der Kohlendioxid-Atmosphäre verdampft es zu Wasserdampf, der wiederum selbst ein star-

Venus

Venus ist die glutheiße Schwester der Erde. Dicke, schwefelgelbe Wolken jagen pfeilschnell über ihren Himmel. Selbst am Tag ist es trübe, alles ist in ein schummriges Orange getaucht. Unendlich schwer lastet die Luft. Ein Druck wie in der Tiefsee. Es ist glühend heiß. Gewaltige Winde fegen über die Basalte. Sie treiben die Hitze überall hin – es gibt keinen kühlen Fleck, auch die Nächte sind heiß wie die Tage. Und es ist trocken, staubtrocken. Wasser gibt es auf der Venus nicht. (Foto: NASA)

Oberfläche des Mars vom Viking-Lander aus gesehen (Foto: NASA)

Wieviel Zeit wird wohl noch vergehen, bis ein Astronaut am Olympus Mons, dem höchsten Vulkan des Sonnensystems, Proben nehmen kann? In der Fantasie des NASA-Künstlers ist dies jedenfalls schon schwindelerregende Realität. (Zeichnung: NASA)

kes Treibhausgas ist. Immer mehr verdunstet, der Treibhauseffekt gewinnt an Fahrt. Schließlich sind die Meere verschwunden.

Radaraufnahmen der Venus zeigen, dass die Kruste 500 Millionen bis eine Milliarde Jahre alt ist. Bei einem Planetenalter von 4,55 Milliarden Jahren muss sich die Oberfläche offenbar vollkommen erneuert haben. Aber wie, ohne Plattentektonik? Die starre Venus gleicht einem Dampfkochtopf mit defektem Sicherheitsventil. Vom Planetenkern aufgeheizt, steigt unten im Mantel der Druck, das heiße Gestein will aufsteigen, kommt aber nicht durch. Dann überwindet der Druck die kritische Grenze, der heißere untere Mantel bricht aus, schlägt bis zur Oberfläche durch, und gigantische Lavamengen überfluten den Planeten. Nichts bleibt, wie es war.

Auf dem Mars ist die Situation vollkommen anders. Auch er hat keine Plattentektonik, wahrscheinlich ist er zu klein und kühlte zu schnell aus. Seine Kruste wird zu mächtig und zu starr, um in bewegliche Platten zu zerbrechen. Ihm bleibt nur der an die Schwächezonen gebundene Vulkanismus als Ventil. Die Laven türmen sich hoch und höher. So entstanden die bis zu 27 Kilometer hohen Schildvulkane der Tharsisregion. Vor zwei Milliarden Jahren erstarb wohl der Vulkanismus, die Zeit des Feuers ist vorbei. Der Planet des Kriegsgottes ist alt geworden.

Mars

Weiße Kohlendioxidwolken ziehen den Hang entlang: Olympus Mons, 27 Kilometer hoch, mit schroffen Felsen und steilen Abbrüchen. Der Boden ist jetzt dunkel, leergefegter Basalt, so weit das Auge reicht. Der Wind, der sich nach wochenlangem Wüten wieder gelegt hat, hatte den hellen Staub weggetragen. Wenn sich mehrere Stürme vereinigen, wirbeln sie Staub hoch hinauf. So hoch, dass der ganze Planet unter einem gelben Schleier liegt. Dann kann es sein, dass die Sonne für Monate verschleiert ist. Aber heute ist es wieder klar. Ein schöner Sommertag, wenn auch kühl, denn selbst im Hochsommer klettert die Temperatur gerade auf 20 Grad. (Foto: NASA)

wasser

»Winterlandschaft mit Schlittschuhläufern bei Sonnenuntergang«, Aert van der Neer, ca. 1655/60 (© Foto: Gemäldegalerie der Staatlichen Museen zu Berlin, SMPK)

Ein eigenartiges Element

»Das Prinzip aller Dinge ist das Wasser, denn Wasser ist alles und ins Wasser kehrt alles zurück.«

Thales von Milet (625 – 547 v. Chr.), griech. Philosoph

Unbeschwert gleiten die Schlittschuhläufer über das Eis und denken dabei gewiss nicht über Physik nach. Und doch verdanken sie ihr Vergnügen gleich mehreren ungewöhnlichen physikalischen Eigenschaften des Elements unter ihren Füßen. Denn Wasser ist ein höchst seltsamer Stoff.

Die Behauptung erscheint gewagt – was könnte gewöhnlicher sein als Wasser? Ist es doch mit einem Volumen von 1,4 Milliarden Kubikkilometern die häufigste Substanz an der Erdoberfläche. Die Masse des Wassers im ganzen Universum hat nach Schätzungen das Gewicht von 10 Millionen Milliarden Sonnen. Wasser bedeckt fast drei Viertel der Erde, gleichmäßig um unseren Planeten verteilt ergäbe es eine drei Kilometer dicke Wasserhülle. Der größte Teil davon füllt die Ozeane, etwa zwei Prozent sind in Polkappen und Gletschern zu Eis erstarrt. Unter unseren Füßen fließt es als Grundwasser hinweg, und hoch über uns, in der Atmosphäre, bildet Wasserdampf eine wichtige Zutat zur »Wetterküche«. Wasser ist der einzige Stoff, der uns alltäglich sowohl als Flüssigkeit wie auch als Feststoff und als Dampf begegnet – in allen drei Aggregatzuständen also.

Eiskristalle. Die sechseckige Form dieser Schneeflocken spiegelt die »hexagonale« Struktur wieder, in der sich die gefrorenen Wassermoleküle anordnen. (Foto: SAVE-BILD)

Blau schimmerndes Eis auf Spitzbergen (Foto: A. Gerdes, MARUM)

Die **Farbe** des **Wassers**

Der Blick durch eine regennasse Fensterscheibe beweist: Wasser ist durchsichtig, es hat keine Farbe. Und doch malt jedes Kind das Meer blau, Seen und Gletscher schimmern bläulich. Die Ursache: Ein wenig Licht schluckt das Wasser eben doch, und zwar rotes sehr viel mehr als blaues. Auch wird das kurzwellige, blaue Licht stärker von den Wassermolekülen in alle Richtungen gestreut. In dicken Schichten werden diese Effekte sichtbar. Jeder Taucher weiß: Je tiefer er hinabgleitet, desto blauer wird die Unterwasserwelt. Algen oder Sand im Wasser können es aber auch grün- oder gelblich färben. Schnee dagegen ist seit Schneewittchens Tagen der Inbegriff für die Farbe Weiß. Seine winzigen Kristalle reflektieren das ganze Spektrum des Sonnenlichts.

> Nicht normal

Schlittschuhläufer interessiert vor allem die zu Eis erstarrte Variante. Dass sie auf Seen und Tümpeln eine Schicht bildet, die zum Wintersport einlädt, ist keineswegs selbstverständlich: Bei keiner anderen Substanz schwimmt der erstarrte Feststoff auf der wärmeren Flüssigkeit. Wasser jedoch ist bei vier Grad über dem Gefrierpunkt am schwersten – ein Kubikzentimeter wiegt dann genau ein Gramm. Deshalb findet sich Wasser mit dieser Temperatur immer ganz unten, am Boden von Seen. Im Winter ist darüber leichteres, kühleres Wasser geschichtet, bis zur hoffentlich tragfähigen Eisdecke. Wissenschaftler sprechen von der Dichteanomalie des Wassers. Sie kommt nicht nur Wintersportlern zugute, sondern sichert vor allem den Lebewesen, die am Grunde der Gewässer überwintern, ihren Überlebensraum.

Schon flüssiges Wasser dehnt sich aus, wenn es kälter als vier Grad wird. Beim Gefrieren nimmt sein Volumen nochmals zu – und sorgt so dafür, dass Schlittschuhläufer ihren Sport ohne Tauchausrüstung betreiben können. Es bilden sich besonders sperrige Kristalle, in denen die Wassermoleküle zu Sechsecken angeordnet sind. Auch in jeder Schneeflocke und in Eisblumen wird diese »hexagonale« Anordnung sichtbar. In der chinesischen Alchimie ist daher die 6 die »Zahl des Wassers«. Eiskristalle nehmen fast ein Zehntel mehr Platz ein als ähnlich kalte, aber noch flüssige Wassermoleküle. Ein größeres Volumen aber bedeutet mehr Auftrieb – das Eis schwimmt oben.

Der extravagante Platzbedarf der Eiskristalle verhilft unseren Schlittschuhläufern auch zu ihrem fast reibungslosen Dahingleiten. Denn unter den schmalen Kufen gerät das Eis mächtig unter Druck. Es weicht aus, indem es ein kleineres Volumen einnimmt – es schmilzt. Ohnehin sind an der Oberfläche des Eises die einzelnen Atome weniger fest in das Kristallgitter ein-

Auf sanften Pfoten spaziert der Wasserläufer über seinen Teich. Er ist so leicht, dass die Oberflächenspannung des Wassers ausreicht, ihn zu tragen. (Foto: www.blickwinkel.de)

Riss im Eis. Aus den Seen in Grönland wird auch im Winter Trinkwasser gepumpt, denn am Grund eines Sees bleibt das Wasser immer flüssig. Da sich bei grösseren Entnahmen ein Hohlraum unter dem Eis bildet, sinkt dieses ein und reisst dabei. (Foto: A. Gerdes, Marum)

Tragfähig

Unangenehm macht das »zähe« Wasser sich bei einem »Bauchklatscher« im Schwimmbecken bemerkbar. An der Oberfläche scheint es gar eine noch festere Haut zu besitzen: der Wasserläufer kann auf ihr spazieren ohne unterzugehen. Ursache sind die Bindungskräfte zwischen positiv und negativ geladenen Polen der Wassermoleküle. An der Grenzfläche zwischen Wasser und Luft fehlen die »nach oben« ziehenden Partner. Übrig bleibt eine ins Wasserinnere gerichtete Kraft, die Oberflächenspannung.

geschlossen. Sie verhalten sich deshalb wie ein hauchfeiner Flüssigkeitsfilm. Daher kann man auf Eis wesentlich leichter ausrutschen als zum Beispiel auf einer noch so glatt polierten Steinfläche.

> Das träge Wasser

Auch wenn die Lufttemperatur in der Wintersonne auf einige Plusgrade steigt, besteht kein Grund, panikartig vom Eis zu fliehen – ehe Strom und Bäche vom Eise befreit sind, muss es eine ganze Weile warm bleiben. Andererseits lassen nicht schon die ersten Nachtfröste eine belastbare Eisdecke entstehen. Wasser reagiert nur träge auf Temperaturänderungen. Physiker sprechen von der hohen Wärmekapazität des Wassers. Es muss also viel Energie zugeführt werden, damit Wasser sich erwärmt, schmilzt oder gar verdampft – um einen Liter Wasser um ein Grad zu erwärmen fast doppelt so viel Energie wie für die gleiche Temperaturerhöhung in Alkohol.

Schuld an all diesen Absonderlichkeiten ist ein kleines Molekül, das nicht viel Respekt vor den gängigen Regeln der Chemie zeigt – H_2O. Normalerweise gilt: Je größer ein Molekül, desto höher sein Schmelzpunkt und seine Siedetemperatur. Das aus langen Molekülketten bestehende Paraffin in einer Kerze ist fest und schmilzt erst in der Flamme, das aus kleineren Ketten bestehende Benzin ist dagegen flüssig – auch noch bei tiefen Wintertemperaturen.

> Das magische Dreieck

Im kleinen Wassermolekül jedoch bilden die zwei Wasserstoffatome (»H_2«) mit dem Sauerstoff (»O«) ein »magisches Dreieck«, das diese Regeln außer Kraft setzt. An der Sauerstoff-Ecke ist es negativ geladen, an den beiden im Winkel von 104,5 Grad abgespreizten Wasserstoffatomen positiv. Ungleichnamige Ladungen ziehen sich an – deshalb finden die positiven Wasserstoff-Enden fremde Sauerstoff-Pole höchst attraktiv und bilden mit ihnen so genannte Wasserstoffbrücken. So entsteht eine im Vergleich mit anderen Flüssigkeiten

BIS FLÜSSE UND SEEN ZUFRIEREN, MUSS ES SCHON EINE GANZE WEILE KALT BLEIBEN. AUFGRUND SEINER HOHEN »WÄRMEKAPAZITÄT« REAGIERT WASSER NUR SEHR TRÄGE AUF TEMPERATURÄNDERUNGEN. (FOTO: A. GERDES, MARUM)

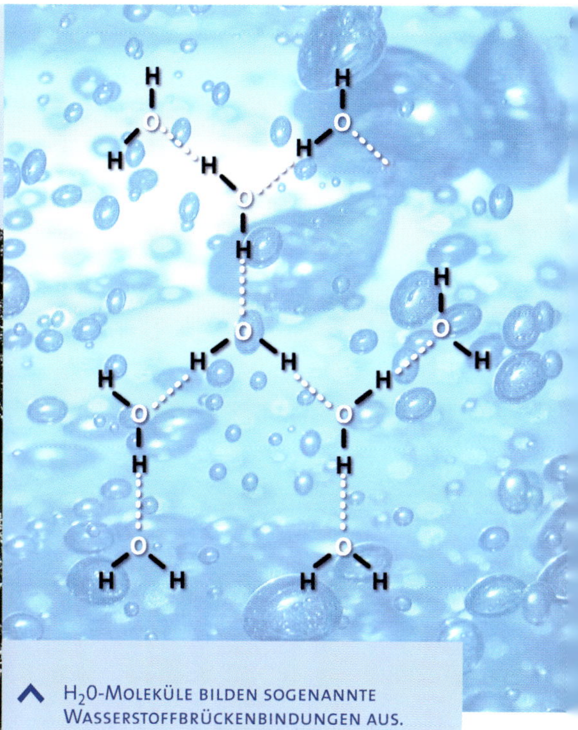

H_2O-MOLEKÜLE BILDEN SOGENANNTE WASSERSTOFFBRÜCKENBINDUNGEN AUS. SO ENTSTEHEN GEBILDE, DIE SICH WIE GROSSE MOLEKÜLE VERHALTEN. ANDERE GELADENE STOFFE KÖNNEN DADURCH LEICHT »UMRINGT« WERDEN. (GRAFIK: IUS)

Die **Lösung** des **Lebens**

Wassermoleküle halten nicht nur untereinander fest zusammen, sie gehen auch mit Fremden gern enge Beziehungen ein – sofern es sich nur ebenfalls um Stoffe handelt, die ein negatives und ein positiv geladenes Ende besitzen. Sie lagern sich mit Plus- oder Minuspol an die jeweils passenden Gegenstücke an und bilden so einen Wassermantel um den Partner. So bleibt das Salz im Meer ebenso gelöst wie Zucker oder Eiweißmoleküle. Nur auf diese Weise konnten die Moleküle zusammenkommen, aus denen einst das Leben entstand.

sehr regelmäßige und stabile Anordnung. Jedes Wassermolekül ist darin von drci anderen umgeben. Bei sinkender Temperatur bilden sich zunehmend sperrigere, kristallähnliche Gebilde aus immer mehr Wassermolekülen, bis hin zu den raumgreifenden Eiskristallen.

Würde Wasser sich so verhalten, wie es seiner Molekülgröße zukommt (siehe oben), müsste Eis schon bei minus 97 Grad Celsius schmelzen und bei minus 93 Grad verdampfen. Doch aus dem Verband der Wassermoleküle auszubrechen erfordert viel Energie. Wer Wasser erhitzt, bringt zunächst nur die miteinander vernetzten Moleküle zum Schwingen. Diese Netze verhalten sich quasi wie ein großes »Supermolekül«. Erst bei hundert Grad trennen sie sich und lassen den Kessel pfeifen. So bleibt Wasser über einen ungewöhnlich breiten Temperaturbereich flüssig – eine wichtige Voraussetzung dafür, dass in ihm das Leben entstehen konnte.

Wasser ist also in vielerlei Hinsicht ein Abweichler. Von den weitreichenden Folgen dieses Nonkonformismus handeln die folgenden Kapitel.

DAS WASSERMOLEKÜL (H_2O). DIE BEIDEN WASSERSTOFFATOME (WEISS) HABEN JEWEILS NUR EIN ELEKTRON. DIESE BEIDEN ELEKTRONEN VERLAGERN SICH ZUM GROSSEN SAUERSTOFFATOM HIN (ORANGE). DESHALB SIND DIE OBEREN ECKEN DIESES »MAGISCHEN DREIECKS« POSITIV GELADEN, DIE UNTERE ECKE DAGEGEN NEGATIV. (KALOTTENMODELL: IUS)

Die »Canyonlands« im amerikanischen Bundesstaat Utah (Foto: Okapia)

Der flüssige **Bildhauer**

»Auf der Welt gibt es nichts, was weicher und dünner ist als Wasser. Doch um Hartes und Starres zu bezwingen, kommt nichts diesem gleich.«

Laotse (3. od. 4. Jh. v. Chr.), chin. Philosoph

Glatt geschliffene Flusskiesel und die großen Canyons in den USA, Sandrippel am Badestrand und bizarre Gebilde in Tropfsteinhöhlen – die gestaltende Kraft des Wassers begegnet uns in vielen Erscheinungsformen. Über Jahrmillionen hat sie die Erde geprägt und verändert sie noch heute in jedem Augenblick. Der deutsche Kaiser möge dies zumindest auf Hiddensee verhindern, begehrten einst die Bewohner des bei Rügen gelegenen Eilands und schickten eine Abordnung nach Berlin. Eine Sturmflut hatte 1864 ihre Insel in zwei Teile zerbrochen, und nur mit einem Damm ließ sich die Lücke wieder schließen. Wilhelm I. hatte ein Einsehen und gewährte die dafür nötigen Mittel. Heute sagen Computersimulationen einen erneuten Durchbruch voraus.

Nord- und Ostsee sorgen dafür, dass die Küstenlinie in Bewegung bleibt. Sie nagen an der »Langen Anna« auf Helgoland ebenso wie am Sylter Badestrand

HISTORISCHE KARTE DER EMSMÜNDUNG MIT DEM DOLLARTBECKEN VON 1568. DIE GROSSE STURMFLUT VON 1509 HATTE DAFÜR GESORGT, DASS SICH DER DOLLART HIER SEHR WEIT INS LANDESINNERE AUSDEHNT. HEUTE REICHT DAS WASSER NUR NOCH BIS UNGEFÄHR ZUM GROSSEN SEGELSCHIFF, DAS ÜBER DEM SCHRIFTZUG »DOLLAERT« SCHWIMMT. (FOTO: A. GERDES, MARUM)

und lassen die ostfriesischen Inseln südostwärts wandern. Wo das Wasser schnell strömt, reißt es ein, wo es langsamer fließt, lagert es Sedimente ab. Am Beispiel von Norderney wird diese Dynamik deutlich. Die etwa 700 Jahre junge Insel gehörte ursprünglich zu einer Großinsel, die »Buise« genannt wurde. Von dieser wurde sie durch einen Dünendurchbruch abgetrennt. Norderney profitierte zunächst davon, dass der Rest von Buise durch Sturmfluten langsam zerfiel: Durch die angespülte Erbmasse streckte sich Norderney von 8 Kilometer Länge im Jahr 1650 auf heute 14 Kilometer. Doch nach der vollständigen Auflösung von Buise verstärkte sich der Gezeitenstrom am Westende und wurde zum Landräuber. Seit 1850 muss der Westen Norderneys mit Deichen und Buhnen geschützt werden.

> Strand mit Waschbrettbauch

Historische Karten belegen die Veränderungen an der Küstenlinie in den letzten Jahrhunderten. Kurzlebigere Gestaltungskräfte des Wassers kennt jeder Strandspaziergänger: Wo die Ebbe den Sand freilegt, werden waschbrett-ähnliche Wellenmuster sichtbar. Rippelmarken nennen Geologen diese Strukturen, die sich unter nackten

DIE PYRAMIDEN VON GIZEH ZÄHLEN ZU DEN BERÜHMTESTEN BAUWERKEN DER MENSCHHEIT. WAS KAUM EINER WEISS: SELBST DAS BAUMATERIAL ENTSTAND AUS ARCHITEKTONISCHEN MEISTERSTÜCKEN, DEN WINZIGEN »FORAMINIFEREN« (UNTEN). (FOTOS: SPACE IMAGING INC. OBEN, AWI UNTEN)

Wasser für die Pyramiden

Wie viele Arbeiter wirkten mit an der Errichtung der Pyramiden von Gizeh? Zigtausende müssen es gewesen sein. Doch lange vor ihnen schufen Milliarden winziger mariner Organismen, die »Foraminiferen«, die Voraussetzungen für die gewaltigen Bauwerke. Diese einzelligen Meeresbewohner besitzen phantastisch geformte Kalkschalen. Als Nordafrika im Eozän vor etwa 45 Millionen Jahren von einem warmen Ozean bedeckt war, bildeten sich aus den Gehäusen der massenhaft vorkommenden Tierchen mächtige Kalkablagerungen. Als das Land sich aus dem Meer erhoben hatte, wurden daraus die späteren Steinbrüche für die alten Ägypter. Wissenschaftler ermitteln heute aus der Zusammensetzung der Foraminiferen-Gehäuse, welche Temperaturen herrschten und wie salzig das Meer war, als vor 45 Millionen Jahren der Baustoff für die Pyramiden entstand.

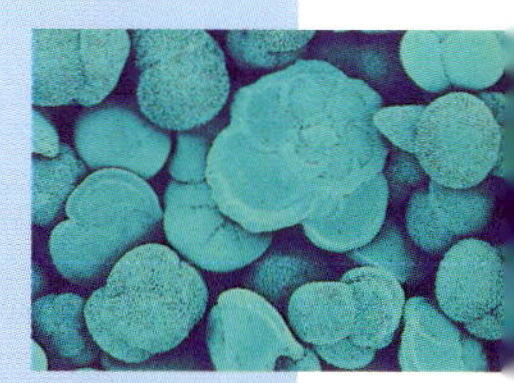

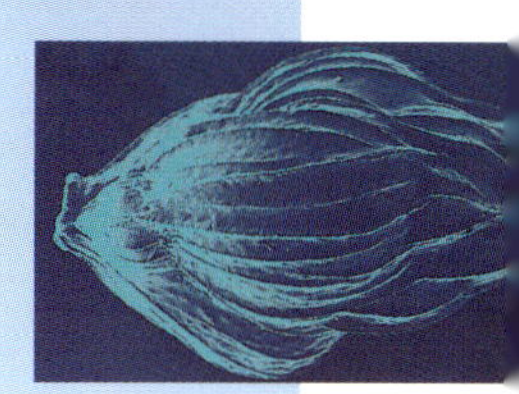

Glatt und rund hat das Wasser den Antelope Canyon in Arizona ausgewaschen. (Foto: Okapia)

Nur feine Schrammen im grönländischen Gestein zeugen davon, dass sich hier einmal die riesigen Eismassen eines Gletschers ins Tal hinabgewälzt haben. (Foto: A. Gerdes, MARUM)

Füßen so gut anfühlen. Sie entstehen, wenn Wasser über den Sand strömt, ähnlich wie der Wind auf dem Wasser Wellen erzeugt. So weit, so simpel. Doch wenn Wissenschaftler bestimmen wollen, welche Strömung bei welcher Korngröße des Sandes welche Formen hervorbringt, müssen sie zu komplizierten Berechnungen greifen. Dabei zeigt beispielsweise der Einfluss der Strömungsgeschwindigkeit unerwartete Sprünge. Steigt sie über einen bestimmten Wert, bilden sich statt der üblichen Rippel mit einer Wellenlänge von wenigen Zentimetern schlagartig so genannte Mega-Rippel, bei denen die Wellenkämme mehr als einen halben Meter auseinander liegen. Nicht nur wissenschaftliche Neugier treibt die Forscher, die verwickelten Zusammenhänge genauer zu erfassen. Ihre Ergebnisse helfen einerseits, die Verlagerung von Sedimenten vorherzusagen. Andererseits erlauben sie einen Blick in die Vergangenheit. Denn in Sedimentgesteinen blieben Rippel gelegentlich über Jahrtausende erhalten. Und so geben die zumeist so vergänglichen Muster heute in versteinerter Form Auskunft über Strömungsverhältnisse und Wellenschlag in der Erdgeschichte.

Weit langsamer verrichteten eiszeitliche Gletscher ihre Bildhauerarbeit am Gesicht der Erde. Schleifend und schmirgelnd schoben sich kilometerdicke Eismassen über große Teile Europas. Mancherorts hinterließen sie nur unscheinbare Schrammen im Gestein, die erst Ende des 19. Jahrhunderts richtig als Spuren der Eiszeit gedeutet wurden. An anderer Stelle sind noch heute tief eingeschnittene Gletschertäler zu sehen.

> Erst fängt es ganz langsam an

Wie gemächliche erdgeschichtliche Prozesse zu jähen Ereignissen führen können, wird am wechselnden Verlauf der Donau deutlich. Ursprünglich strömte sie in der Gegend des heutigen Ingolstadt rund 50 km nördlicher als heute dahin. Dort sägte sie sich vor ca. zwei Millionen Jahren 150 Meter tief ins Gestein. Ihre Nebenflüsse lieferten die notwendigen Wassermassen sowie Geröll als überdimensionalen »Schmirgelsand«. Dann aber kamen die Gletscher der Riß-Eiszeit und mit ihnen mehr Geröll, als der Fluss fortschaffen konn-

Zwei Nummern zu klein ist die »Weltenburger Enge« für die Donau. Vor 200.000 Jahren ergossen sich ihre Wassermassen in das Bett eines wesentlich kleineren Flüsschens. (Foto: Tourismus-Büro Landkreis Kelheim)

Ein ewiges Rätsel: Stalagmiten wachsen vom Boden aus, Stalagtiten von der Decke – oder war es doch umgekehrt? (Foto: Attendorner Tropfsteinhöhle)

te. Es lagerte sich ab und verstopfte dem Wasser allmählich den gewohnten Lauf. Gleichzeitig hatte sich ein kleines, damals süd-östlich der Donau gelegenes Flüsschen immer dichter an die Donau herangearbeitet. Rückwärtserosion heißt dieses Phänomen: So verlagert sich die Abbruchkante eines Wasserfalls immer weiter nach hinten, weil sie vom herabströmenden Wasser unterspült wird und immer wieder Stück für Stück abbricht. Ebenso kann sich die Quelle eines Flusses – auch ein kleiner »Wasserfall«, bei dem das Quellwasser aus dem Gestein läuft – über die langen geologischen Zeiträume hinweg langsam weiter nach »hinten« fressen. Die genaue Richtung ist dabei natürlich von vielen Faktoren abhängig, zum Beispiel der unterschiedlichen Härte des Gesteins. So verlagerte sich die Quelle unseres kleinen Flüsschens allmählich immer weiter westwärts. Dort, wo die Urdonau sich beim heutigen Rennertshofen nach Norden wandte, erreichte es vor etwa 200.000 Jahren quasi im Rückwärtsgang das Donautal und zapfte schließlich die Donau an. Deren aufgestaute Wassermassen konnten nun Richtung Süd-Osten abfließen. Die Donau schaffte es bisher nicht, den Durchbruch ins schmale neue Bett, die »Weltenburger Enge«, angemessen zu erweitern – sie läuft gleichsam in zu engen Schuhen. Regelmäßig kommt es daher bei Hochwasser zu einem Rückstau und weiträumigen Überschwemmungen.

Schöpferisches Wasser

Bei der Erschaffung obiger Kunstwerke war das Wasser gleich in mehrfacher Hinsicht aktiv. Zunächst sorgte es für Baumaterial: Kalkgebirge entstanden aus Korallenriffen, die im Devonischen Meer heranwuchsen. Dieses warme Meer bedeckte vor etwa 400 Millionen Jahren große Teile Europas, die zu dieser Zeit noch südlich des Äquators lagen. Dann kamen die »Ausstellungsräume«: Nachdem das Land sich gehoben hatte, sickerte Regenwasser durch Risse im Kalkgestein und formte darin Höhlen. Dabei wurde der Kalkstein sowohl mechanisch abgetragen als auch chemisch ausgehöhlt. Denn Wasser verbindet sich mit Kohlendioxid aus der Atmosphäre und aus dem Boden zu Kohlensäure, die Kalk zu Kalziumbikarbonat auflöst. In den so entstandenen Höhlen kehrt sich der Prozess um: Erreicht karbonat- und kohlensäurehaltiges Wasser einen Hohlraum, gibt es Kohlendioxid an die dortige Luft ab. Das Karbonat ist im nun weniger sauren Wasser nicht mehr löslich – Schicht für Schicht lagert es sich in bizarren Skulpturen ab.

Ob im Heisswasserbecken im Yellowstone Nationalpark (links) oder neben vulkanischen Quellen in 2000 Meter Tiefe (rechts): Das Leben lässt sich nicht unterkriegen. Während die Bakterienkolonien in der Tiefsee im Scheinwerferkegel eintönig weiss aufleuchten, bescheren verschiedene Arten von Mikroorganismen dem kochenden See seine Farbenvielfalt. (Fotos: Yellowstone Nationalpark links; J. Erzinger, GFZ-Potsdam rechts)

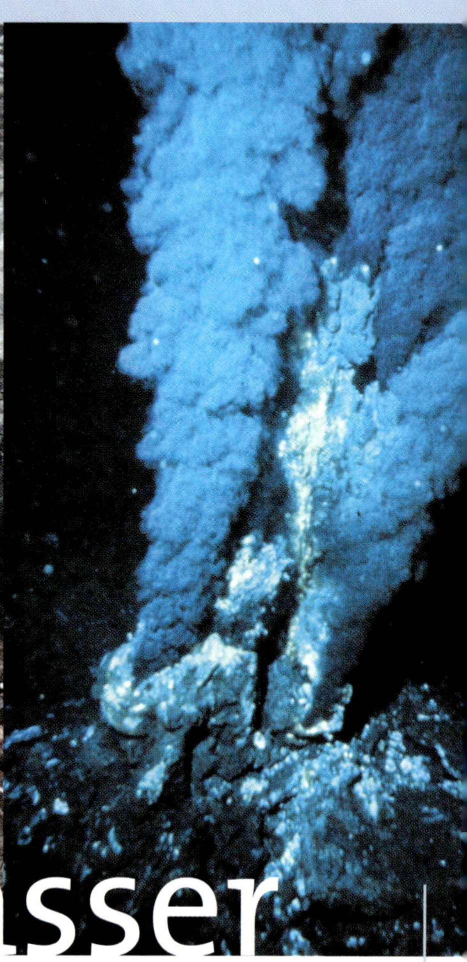

Exotik im Wasser

Trotz einer trockenen, mit Sauerstoff verseuchten Umgebung und äußerst ungemütlichen Temperaturen haben sich in jüngster Zeit auf der Erdoberfläche Organismen entwickelt, die an derart extreme Lebensräume angepasst sind.« So könnte dieses Kapitel beginnen, wenn es von denen verfasst wäre, die auf unserem Planeten die Mehrheit bilden: Bakterien und ihre ursprünglichen Verwandten, die Archaebakterien. Für sie sind oft ganz andere Lebensbedingungen »normal« als für uns. Viele von ihnen blieben dort, wo das Leben vor mehr als 3,5 Milliarden Jahren entstand – im Wasser. Hier existieren sie oft an Orten, die uns völlig »lebensfeindlich« scheinen: ohne

»Der Mensch ist eine seltsame und interessante Erfindung.«
Mark Twain (1835-1910)

Sauerstoff, unter extremem Druck, in heißen Quellen oder im Eis der Polargebiete.

Über 113 Grad Celsius verträgt der derzeitige Weltrekordhalter unter den Hitze liebenden Mikroorganismen, Pyrolobus fumarii (»Feuerlappen des Schornsteins«). Doch bei weniger als 90 Grad stellt er zähneklappernd alle Aktivitäten ein. Heimisch ist der Ofenhocker in so genannten Black Smokern, vulkanischen Quellen am Meeresgrund. Kürzlich wurden die Gene dieses Archaebakteriums vollständig analysiert. Die Forscher möchten so herausfinden, welche Merkmale verhindern, dass seine Eiweißverbindungen in der Hitze gerinnen wie ein hart gekochtes Frühstücksei.

> Vor dem ersten Kontakt

Mit ganz anderen Herausforderungen müssen Organismen im Wostok-See fertig werden, einem 10.000 Quadrat-

Polarforscher am Wostok-See stechen Schnee für ihr Waschwasser. Sie haben sich einen wirklich ungemütlichen Ort ausgesucht: Hier wurde die kälteste Temperatur auf der Erde gemessen, minus 89,2 °C im Juli 1983. (Foto: C. M. Sucher, Raytheon Polar Services Comp., Centennial)

Krill im Eis. Viele Kleinlebewesen (wie dieses Krebschen) bevölkern das eigentlich lebensfeindlich erscheinende polare Packeis. (Foto: AWI)

Die **weiße Wüste** lebt

Kein Bereich der Erde erscheint uns unwirtlicher als das Packeis im Polarwinter. Und doch ist es ein gläsernes Labyrinth voller Leben. Wenn Meerwasser gefriert, erstarren nur die Wassermoleküle zu Eiskristallen. Darin bildet sich ein feines Netzwerk von Kanälchen und Poren, die mit einer konzentrierten Salzlösung gefüllt sind. Dieser Salzlake-getränkte »Eisschwamm« ist der Lebensraum zahlloser Würmer, Krebschen, Algen und Bakterien. Die Eisbewohner überleben mit Hilfe zahlreicher Tricks. So enthält die Membran ihrer Zellen viele mehrfach ungesättigte Fettsäuren, die sie bei Minusgraden geschmeidig halten.

kilometer großen Gewässer unter dem Eis der Antarktis. Neben Dunkelheit, Sauerstoffmangel und Kälte sind sie einem Druck von 380 Atmosphären ausgesetzt. Von der Welt durch einen etwa vier Kilometer dicken Eisdeckel abgeschnitten, müssen diese Extremsportler auch noch Hungerkünstler sein: Der einzige Nährstoff-Nachschub stammt aus dem Eis, das sich langsam über den See hinweg schiebt. Am Nordende des Wostok-Sees schmilzt dabei die Eis-Unterseite zu Wasser. Es fiel vor rund 500.000 Jahren als Schnee auf die Antarktis. Die in ihm enthaltenen Gase und Staubpartikel gelangen beim Aufschmelzen in den See. Am südlichen Ende friert dagegen Wasser aus dem See am eisigen Deckel fest. Polarforscher bohrten ein 3.600 Meter tiefes Loch in diese ständig neu gebildete Grenzschicht und förderten diverse Bakterien zu Tage – bisher die einzigen Lebenszeichen aus dem Wostok-See. Denn etwa 120 Meter über dem Wasser stoppten sie die Bohrung. Sonst wären unvermeidlich Mikroorganismen aus der Außenwelt in den Lebensraum eingeschleppt worden, der seit 20 Millionen Jahren von der Entwicklung auf dem restlichen Planeten isoliert ist. Wissenschaftler suchen nun nach Wegen, diese Welt zu erforschen, ohne sie dabei unwiderruflich zu zerstören.

Auf die Erkenntnisse aus der Tiefe der Antarktis warten auch Forscher, die sonst lieber in den fernen Weltraum schauen. Nähren sie doch die Hoffnung, entfernte Verwandte zu finden. Zum Beispiel auf dem eisbedeckten Jupitermond Europa, oder unter dem Eis am Südpol des Mars. Keine Luft, kaum Nahrung, extreme Hitze oder Kälte – mit all dem lässt sich fertig werden. Leben ohne Wasser aber scheint ausgeschlossen.

Wasser auf der Rundreise

»Vom Himmel kommt es, zum Himmel steigt es, und wieder nieder zur Erde muss es, ewig wechselnd.«
AUS: »GESANG DER GEISTER ÜBER DEN WASSERN« (JOHANN WOLFGANG VON GOETHE)

WASSER IST EIN UNRUHIGES ELEMENT: Es prasselt als Regenguss oder Hagel zu Boden, taumelt als Schneeflocke durch die Luft, stürzt als reißender Bergbach zu Tal, türmt sich zu haushohen Wellen und wogt als Ebbe und Flut um die Kontinente. In den Baumriesen der Wälder Nordamerikas steigt Wasser durch feinste Röhren mit Hilfe der Kapillarkräfte über hundert Meter empor. Und von jeder noch so stillen Pfütze steigen unaufhörlich Wassermoleküle in die Atmosphäre auf.

Im globalen Wasserkreislauf hängen alle Erscheinungsformen des Wassers miteinander zusammen. Jedes Schulkind hört wohl von der Rundreise eines Regentropfens, der in einen See fällt, durch Bäche und Flüsse zum Meer reist, um dann in der Sonnenwärme zu verdampfen und als Wolke an den Ausgangspunkt zurückzukehren. Damit wissen Schüler heute mehr, als noch Leonardo da Vinci (1452-1519). Er erfasste zwar, dass das Wasser der Erde sich in einem ewigen Kreislauf befindet, und erkannte die Sonne als treibende Kraft der Verdunstung, und damit auch von Wolkenbildung und Regen. Doch vermutete er, dass die Berge durch unterirdische Adern Wasser aus den Ozeanen saugten und so die Quellen der Flüsse speisten. Erst der französische Amateurgeologe Pierre Perrault wies 1674 nach, dass Regen und Schnee genug Wasser für die Flüsse liefern.

Fotos: A. Gerdes, MARUM; J. Reichling, BGR; Photodisc (3x); F. Ossing, GFZ-Potsdam

Um die Reiselust der Tröpfchen aber ist es unterschiedlich bestellt. Eher auf einen Kurztrip geht der Regentropfen, der aus den Wolken direkt in einen Fluss fällt und sofort wieder die Rückreise zum Meer antritt. Diese Tour dauert in einem großen Strom, von der Quelle aus gerechnet, etwa zwei Wochen. Doch auch ausgedehnte Zwischenstopps sind möglich, ehe die Rundreise von vorn beginnen kann. Sinkt unser Tropfen zum Grund eines Sees, verlängert sich sein Aufenthalt um einige Jahre. Sickert er gar ins Grundwasser, kann er dort einige tausend Jahre verweilen. Zieht ihn eine Meeresströmung in die Tiefen des Ozeans hinab, bedeutet das eine Rast von durchschnittlich dreitausend Jahren. Am meisten Geduld aber braucht der Reisende, wenn er als Schneeflocke über den polaren Eisgebieten niedergeht. Das Wasser am Grund der Eismassen sitzt dort seit hunderttausenden von Jahren fest. Eine Abkürzung nimmt dagegen der Regentropfen, der nach einem Schauer den Durst von Blumen und Bäumen stillt: Das von der Vegetation aufgenommene Nass verdunstet schon nach etwa fünf Tagen wieder.

Ob nach einem kurzen oder langen Landaufenthalt – in der Atmosphäre gelangt das Wasser in einen hektischen Verschiebebahnhof. Die Verweildauer dort beträgt kaum zehn Tage. Denn nur ein kleiner Teil allen Wassers schwebt jeweils als Dampf in der Atmosphäre – knapp 0,01 Promille oder 13.000 Kubikkilometer. Damit daraus jährlich etwa 500.000 Kubikkilometer Niederschläge fallen können, muss das atmosphärische Wasser fast 40 Runden im Riesenrad zwischen Himmel und Erde drehen.

Feuchte **Fakten**

1,4 Milliarden Kubikkilometer Wasser gibt es auf der Erde – schätzungsweise. Entspräche dies der Füllung einer Badewanne (150 Liter), so wäre davon nur knapp ein halber Eimer Süßwasser, davon fast drei Viertel gefroren. Nur einen Liter nähme das Grundwasser ein; in einem Schnapsgläschen von 0,02 Litern fände das Wasser von Flüssen und Seen Platz. Nur ein paar Tropfen sind Wasserdampf, der große Rest füllt als Salzwasser die Ozeane. Nicht berücksichtigt ist hier allerdings das Wasser, das in den Mineralien der Erdkruste chemisch gebunden ist. Das Krustengestein soll nach Schätzungen zu etwa 0,2 Prozent aus Wasser bestehen. Damit würde fünfmal soviel Wasser in den Steinen stecken, wie alle Ozeane zusammen fassen.

Der letzte seiner Art? Dieser einsame Pinguin hat sich wohl nur verlaufen. Doch der Klimawandel führt dazu, dass sich Teile der Antarktis erwärmen und immer wieder grosse Eisschollen von der Küste abbrechen. Das wirkt sich auch auf die dort lebende Tierwelt aus. (Foto: Okapia)

Sensible Klimaanlage

EIS UND SCHNEE REFLEKTIEREN DIE SONNENSTRAHLEN SEHR STARK. DARUM ERWÄRMEN SICH EISIGE REGIONEN NUR SEHR LANGSAM. (FOTO: A. GERDES, MARUM)

ANALYSE VON EISBOHRKERNEN AUF GRÖNLAND. DER RAUM WIRD NICHT BEHEIZT, DAMIT DIE WERTVOLLEN UNTERSUCHUNGSOBJEKTE NICHT SCHMELZEN. (FOTO: A. GERDES, MARUM)

»Unser Wissen ist ein Tropfen, was wir nicht wissen, ist ein Ozean.«

ISAAC NEWTON (1643-1727), ENGL. PHYSIKER, MATHEMATIKER U. ASTRONOM

ES WIRD WÄRMER AUF DER ERDE, darüber besteht kein Zweifel – aber wie viel und wie schnell? Zahlreiche Faktoren wirken hier zusammen, hemmen oder verstärken einander. Wissenschaftler können die Kälteeinbrüche und Wärmeperioden in der Geschichte unseres Planeten bisher nur unvollkommen erklären. Noch größer wird die Unsicherheit, wenn es gilt, die künftige Entwicklung vorherzusehen. Und überall spielt Wasser eine entscheidende Rolle.

Als riesige Wärmepumpe transportiert es am Äquator aufgenommene Sonnenenergie bis in die Polarregionen. Als Spiegel aus Schnee und Eis reflektiert es Sonnenstrahlung ins Weltall zurück. Als Wasserdampf in der Atmosphäre hüllt es die Erde in einen wärmenden Mantel. Als ozeanischer Lebensraum von Planktonalgen bindet es große Mengen des Treibhausgases Kohlendioxid. Wie diese widersprüchlichen Einflüsse miteinander und mit anderen Faktoren – etwa Schwankungen in der Sonneneinstrahlung oder einer veränderten Zusammensetzung der Atmosphäre – zusammenwirken, simulieren Forscher in immer komplexeren Computermodellen.

> Spuren im Schnee von gestern

Damit lässt sich beispielsweise nachvollziehen, wie die Meeresströmungen zwischen Äquator und Nordpolarmeer während der Eiszeit verliefen. Und warum mitten in diesen Kälteperioden manchmal die Heizung ansprang. Seit Wissenschaftler gelernt haben, in den Klimaarchiven der Erde zu lesen, wundern sie sich über die Kapriolen, die dort gelegentlich verzeichnet sind. Ein solcher Almanach ist etwa das Eis auf Grönland. Schicht für Schicht lagert hier der Schnee aus mehr als hunderttausend Jahren übereinander. Mit tiefen Bohrungen lässt sich daraus die Klimageschichte erschließen. So sind die jährlichen Niederschlagsmengen zu erkennen, und die im Eis eingeschlossenen Luftbläschen erzählen etwas

Ein Eiskeil-Abbruch in Sibirien (Foto: AWI)

Palmen in einem Park in der Nähe von Brighton. Das Klima an der englischen Südküste ist durch den nahen Golfstrom besonders mild. (Foto: Mauritius)

Archiv im Dauerfrost

Erst war da nur ein haarfeiner Riss im Dauerfrostboden. Im Frühjahr sickerte Wasser ein, gefror und dehnte den Spalt ein wenig. Im nächsten Jahr kam neues Schmelzwasser hinzu, die Eisader wuchs. Nach mehreren hunderttausend Jahren ist daraus ein mächtiger Eiskeil geworden, um die 40 Meter lang und bis zu sechs Meter dick. Ganze Netzwerke solcher Eispfeile im Körper der Erde prägen in einigen Teilen Sibiriens die Landschaft. Für Wissenschaftler sind sie eine spannende Wetterchronik. Denn das Eis ist vom Klima geprägt: Seine Moleküle bestehen aus unterschiedlich schweren Atomen (Isotopen). Die leichten verdunsten schon bei niedrigen Temperaturen, die schweren erst, wenn es wärmer wird. Und so gibt der Isotopen-Mix jeder Schicht Auskunft über das Klima in ihrem Geburtsjahr.

über die Atmosphäre zu der Zeit, als diese Luft noch lockeren Neuschnee umgab.

Das Ergebnis: Mitten in den Eiszeiten stieg die mittlere Temperatur gelegentlich an – innerhalb eines Jahrzehnts um durchschnittlich bis zu zehn Grad – und sank erst nach einigen hundert Jahren wieder auf das eiszeitliche Normalmaß. Erst neueste Klimamodelle konnten diese Phänomene erklären: Unregelmäßigkeiten in der atlantischen Fernheizung sorgten für die Hitzewallungen.

> Das warme Fließband

Wie heute gab es auch während der letzten Kaltzeit eine besonders salzhaltige Meeresströmung, die aus äquatorialen Breiten Wärme gen Norden brachte. Allerdings versiegte der Wärmestrom – anders als heute – normalerweise schon ein gutes Stück südlich von Island. Dort gab er seine Wärme an die Luft ab. Das Wasser wurde dadurch schwerer als das umgebende Meer und sank zum Grund. Als kalte Tiefenströmung floss es zurück nach Süden. Nördlich dieser Wendestelle begann das Eismeer. Doch dieser Normalzustand war offenbar sehr instabil. Schon kleine Abweichungen, vermutlich Schwankungen in der Sonneneinstrahlung, lösten einen erheblichen Klimasprung aus. Zunächst verringerte sich der Süßwasserzufluss von den Gletschern. So konnte die warme, salzhaltige Strömung an Island vorbei nach Norden vordringen und ließ dort das Meereis schmelzen – die ganze Region erwärmte sich. Manchmal schlug das Pendel auch in die andere Richtung aus: Die warme Strömung brach völlig zusammen, Eiseskälte machte sich auch im Süden breit. Die Klimaschwankungen waren damit weit größer als die Variation in der Sonneneinstrahlung – diese wirkte wie ein »Schalter« für die Fernheizung.

Wasserdampf ist für den grössten Teil des natürlichen Treibhauseffekts verantwortlich. (Foto: F. Ossing, GFZ-Potsdam)

Mit diesem Flugzeug streuen neuzeitliche Wettermacher ein spezielles Pulver über Wolken aus, um deren Feuchtigkeit zu binden. (Foto: Dyn-O-Mat Inc., Riviera Beach)

Wetter zum Selbermachen

»Alle reden vom Wetter, aber keiner unternimmt was dagegen«, bemerkte einst Mark Twain. Dabei wurde es oft genug versucht. Ob bei Kelten, Indianern oder Buschmännern – Regenzauber spielt in vielen Kulturen eine wichtige Rolle. Der Traum vom selbstgemachten Wetter verbindet archaische Mythen mit aktueller Technologie. So erprobt eine US-Firma derzeit ein Pulver, das Wolken verschwinden lässt. Vom Flugzeug ausgestreut bindet es Feuchtigkeit und sinkt in Form von Gel-Klümpchen zu Boden. So sollen Wirbelstürme zu bremsen sein, hoffen die Erfinder.

Heute ist die weit nach Norden reichende warme Strömung aus dem Atlantik der Normalzustand und allseits als Golfstrom bzw. als Nordatlantikstrom bekannt, der bis hinauf an die Westküste Spitzbergens heranreicht. Er beschert uns etwa fünf Grad höhere Temperaturen, als sie Kanadiern vergönnt sind, die auf der gleichen geographischen Breite leben. Doch Wissenschaftler schließen nicht aus, dass auch dieses Strömungssystem eines Tages umkippen könnte – etwa durch die vom Menschen verursachte Erwärmung der Atmosphäre.

> Dampf im Treibhaus

Die Erde heizt sich schneller auf, als zunächst angenommen, darauf wies Anfang 2001 der Klimabericht der Vereinten Nationen hin. Eine Ursache der Erwärmung ist der zunehmende Kohlendioxidgehalt der Atmosphäre, der seit Beginn der Industrialisierung um rund ein Drittel anstieg.

Längst erregt daher der so genannte Treibhauseffekt weltweit Besorgnis. Ganz ohne ihn wäre es allerdings recht ungemütlich auf unserem Planeten: Die Temperaturen auf der Erdoberfläche würden um 33 Grad sinken, wenn die schützende Gashülle nicht wäre. Sie lässt einerseits das Licht der Sonne ungehindert passieren; die so genannten Treibhausgase in der Atmosphäre sorgen andererseits dafür, dass die von der Erde und den unteren Luftschichten abgestrahlte Wärme zu einem großen Teil absorbiert und zur Erde zurückgeworfen wird.

Doch während vom Kohlendioxid (CO_2) allenthalben die Rede ist, bleibt der bei weitem wichtigste Bestandteil dieses wärmenden Mantels meist unerwähnt – der Wasserdampf. Er aber ist für den größten Teil des natürlichen Treibhauseffektes verantwortlich. Inzwischen mehren sich die Anzeichen, dass Wasserdampf auch bei der menschengemachten Klimaveränderung eine erhebliche Rolle spielt. Denn der Wasserdampfgehalt der Atmosphäre steigt – in mittle-

Die Weltmeere bilden riesige Senken, in denen das Treibhausgas Kohlendioxid gebunden wird. (Foto: A. Gerdes, Marum)

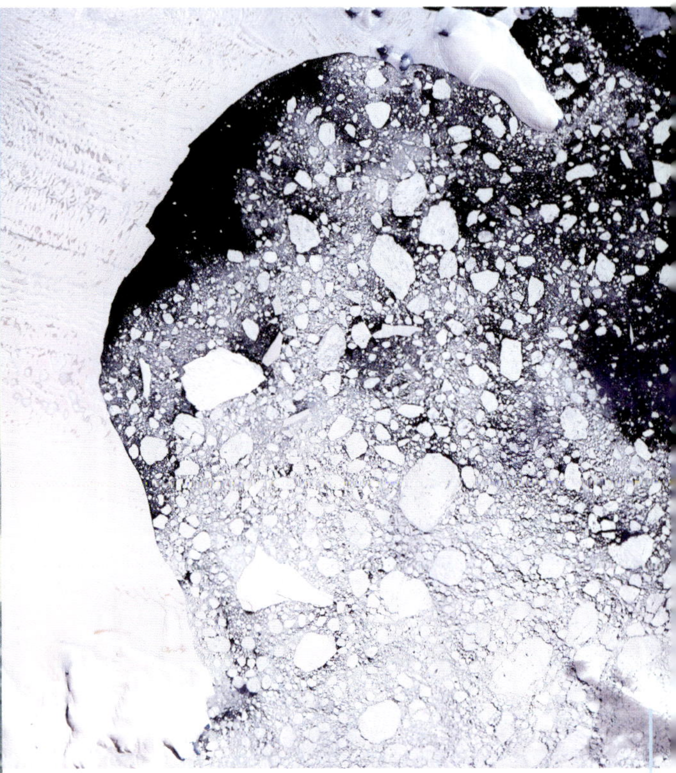

Bruchstücke von »Larsen B«, vom Satelliten aus gesehen. Ursprünglich war die hier zu erkennende Bucht von der Grösse des Saarlandes vollständig mit einer durchgehenden Eisschicht bedeckt. Im März 2002 brach das Eis – Tausende kleiner und grosser Eisberge entstanden. (Foto: NASA)

Müllschlucker im Treibhaus

Wasser spielt eine Doppelrolle im Treibhaus Erde. Einerseits ist Wasserdampf selbst ein Treibhausgas. Andererseits schlucken die Ozeane große Mengen CO_2 und wirken so der Erwärmung entgegen. So sinken kalte Meeresströmungen – wie etwa in der Grönlandsee oder im antarktischen Weddellmeer – ab und transportieren dabei gelöstes CO_2 in die Tiefe. Außerdem binden Algen und Bakterien im oberen, lichtdurchfluteten Stockwerk der Meere bei der Photosynthese CO_2. Ein Teil des Kohlenstoffs (»C«) sinkt dann mit absterbenden Mikroorganismen als so genannter »Meeresschnee« zum Grund und wird damit für Jahrhunderte aus dem Verkehr gezogen. Fast 30 Prozent des durch menschliche Aktivitäten produzierten CO_2 landet in diesem »Müllschlucker«.

ren Breiten in der unteren Stratosphäre etwa um ein Prozent jährlich während der letzten 45 Jahre.

Als ein Zulieferer gilt dabei das in der Landwirtschaft reichlich erzeugte Methangas. Im ultravioletten Sonnenlicht entstehen aus jedem Methanmolekül zwei Moleküle Wasser. Auch der CO_2-bedingte Temperaturanstieg erhöht die Wasserdampfkonzentration in der Atmosphäre, da diese bei wärmeren Temperaturen mehr Wasser aufnehmen kann. Doch wie groß die Effekte wirklich sind, ist noch unklar. Die nur unvollkommen verstandene Rolle des Wasserdampfs ist eine Hauptursache dafür, dass die globalen Klimavorhersagen so wenig genau sind.

> Land unter

Wird der Meeresspiegel am Ende dieses Jahrhunderts um 9 Zentimeter höher liegen als heute oder vielleicht um 90? Die Prognosen lassen weite Spielräume. Für Küstenländer, die bereits jetzt häufig unter Überschwemmungen leiden, ist es kein Trost zu wissen, dass die Erdgeschichte schon ganz andere Schwankungen gesehen hat. Auf dem Höhepunkt der letzten Eiszeit – vor 18.000 Jahren – hätte man trockenen Fußes vom kontinentalen Asien nach Indonesien gelangen können, der Meeresspiegel lag 125 Meter tiefer als heute.

Schon die Erwärmung der Erde um ein Grad in den vergangenen hundert Jahren ließ das Wasser merklich ansteigen: Zwei bis sieben Zentimeter kamen dadurch zustande, dass das Oberflächenwasser der Ozeane sich durch die Wärme ausdehnte. Bis zu fünf Zentimeter trugen schmelzendes Inlandeis und Gletscher bei. Dabei wirken sich nur die Eismassen aus, die zuvor auf einem Landsockel lagerten. Wenn Meereis schmilzt, lässt das den Wasserspiegel

DIE SPITZE DES EISBERGS. SCHWIMMENDES EIS VERDRÄNGT GENAUSOVIEL VOLUMEN, WIE FLÜSSIGES WASSER VOM GLEICHEN GEWICHT EINNÄHME. DESHALB FÜHRT DAS SCHMELZEN VON MEEREIS NICHT ZU EINER ERHÖHUNG DES WASSERSPIEGELS. (FOTO: OKAPIA)

DIE ERDANZIEHUNG IST NICHT ÜBERALL GLEICH. IN 15.000FACHER ÜBERHÖHUNG ÄHNELT DAS SCHWEREFELD DER ERDE EHER EINER KARTOFFEL. (FOTO: GFZ-POTSDAM, MONTAGE MIT STERNENHINTERGRUND: IUS)

Verbeulte Weltmeere

Ganz und gar nicht spiegelglatt ist der Meeresspiegel: Die Weltmeere weisen allerlei Beulen und Vertiefungen auf. Ursache ist die ungleich verteilte Masse und damit die von Ort zu Ort unterschiedliche Anziehungskraft der Erde. Auch Wind und Wasserwirbel lassen Wasserberge und -täler entstehen. Eine tiefe Delle liegt beispielsweise vor der Südspitze Indiens, ein Buckel nördlich von Australien – der Höhenunterschied zwischen beiden Wasserflächen beträgt fast 200 Meter.

unbeeindruckt – selbst wenn es so große Brocken sind wie »Larsen B«, eine 720 Milliarden Tonnen schwere, schwimmende Eisscholle von der Größe des Saarlandes, die sich im März 2002 von der Antarktischen Halbinsel löste und in Tausende Stücke zerbrach.

> Wie Eis in der Cola

Denn auch in diesen Dimensionen gilt, was sich in jeder eisgekühlten Cola beobachten lässt: Ein bis zum Rand gefülltes Glas, aus dem ein Eiswürfel ragt, läuft nicht über, wenn das Eis schmilzt. Denn schwimmendes Eis verdrängt bekanntlich genau so viel Volumen, wie flüssiges Wasser vom gleichen Gewicht. Taut dagegen Eis, das auf Landmassen ruht, steigt der Wasserspiegel – wer Eis oder Wasser ins bereits randvolle Glas tut, bringt es zum Überlaufen. Würden sich alle Gebirgsgletscher auflösen, wäre ein Anstieg des Meeresspiegels um knapp einen halben Meter die Folge. Das Eis der Antarktis ließe zu Wasser zerlaufen den Wasserstand weltweit um mehr als 70 Meter steigen.

Auch wenn dies so bald nicht zu erwarten ist – zumindest Teile der Antarktis erwärmen sich, wie der Zerfall des Larsen-Schelfs deutlich macht. Auch im Nordpolarmeer sind die Folgen des Klimawandels zu beobachten: Um 40 Prozent wurde das Eis dort in den vergangenen 25 Jahren dünner. Zwar verkürzt sich dadurch vielleicht bald der Weg von Europa nach Japan – die bisher extrem gefährliche Nordostpassage an der Nordküste Russlands entlang wird immer besser schiffbar. Doch besteht wohl kein Zweifel, dass die negativen Effekte der Erderwärmung überwiegen. Die Zunahme von extremen Wetterlagen wie Dürren, Überschwemmungen und Stürmen ist nur die am sichersten vorhersehbare Auswirkung. Kaum kalkulierbar sind die Folgen, wenn das System der Meeresströmungen sich verändern würde. Und niemand weiß, welcher Tropfen dieses Fass zum Überlaufen bringt.

Das Leben kommt aus dem Wasser, darüber besteht kein Zweifel. Wann und wo genau es auftauchte, liegt aber immer noch im Dunkeln. Diese beiden hier interessiert die Frage vermutlich nicht besonders – sie haben Wichtigeres zu tun. (Foto: A. Gerdes, MARUM)

Die Quelle des Lebens

»Wasser, ... man schmeckt dich, ohne dich zu kennen. Es ist nicht so, dass man dich zum Leben braucht; du selber bist das Leben!«

Antoine de Saint-Exupéry; aus: Wind, Sand und Sterne

Zeugen gab es keine. Daher ist die Frage nach dem Ursprung des Lebens nach wie vor offen. Ob sich die ersten Bausteine des Lebens in einem seichten, nur bei Flut überspülten Tümpel zusammenfanden, in dem sich durch Verdunstung organische Moleküle aus dem Seewasser angereichert hatten? Ob das Leben sich in einer heißen Quelle am Meeresgrund zusammen braute? Auch ein Import aus dem All scheint nicht ausgeschlossen: Als Wissenschaftler kürzlich die Entstehungsbedingungen von Kometen im Labor nachahmten, entstanden auf eisumhüllten Staubpartikeln gleich 16 verschiedene Aminosäuren – also Bausteine von Eiweißen.

> Der Urvater und die Schildkröte

Die wissenschaftlichen Theorien zum Ursprung des Lebens liegen damit ähnlich weit auseinander wie etwa die biblische Schöpfungsgeschichte und die indianische Vorstellung, die Erde sei auf dem Rücken einer Schildkröte entstanden. Doch weder Mythos noch Wissenschaft kommen ohne ein lebensspendendes Element aus – das Wasser. Da schwebt am Anbeginn der Welt der Geist Gottes über den Wassern, und die Schildkröte taucht aus einem Ozean auf, der noch vor allem Land vorhanden ist. Im mesopotamisch-

Kein Fingerzeig Gottes, sondern nur der Komet Hale-Bopp, aufgenommen 1997 im Joshua Tree Nationalpark in Kalifornien. Kometen sind nichts anderes als »schmutzige Schneebälle« aus Eis und Sand, die von der Sonne erwärmt werden und deshalb einen glitzernden Staubschweif hinter sich herziehen. Mit ihnen könnte das Leben vom Weltraum auf die Erde gekommen sein. (Foto: W. Pacholka, NASA)

Fridtjof Nansen (1861 – 1930) und seine Mannschaft auf der „Fram“ zu Beginn einer Expedition ins Nordpolarmeer im Jahr 1893 (Holzstich nach Fotografie: akg-images, Berlin)

babylonischen Schöpfungsmythos »Enuma Elisch« entstehen die ersten Götter aus der Vereinigung des Urvaters Apsu – als Süßwasserstrom gedacht – mit der Urmutter Tiamat, dem personifizierten Salzwasser.

Die Wissenschaft sieht es nüchterner: Wasser diente als Lösungsmittel, in dem die verschiedenen Grundbausteine des Lebens entstehen und zueinander kommen konnten – ob nun im urzeitlichen Tümpel, in der Tiefsee oder auf einem Kometen. Bis heute ist eine wässrige Umgebung für alle biochemischen Reaktionen unabdingbar. Auch die Lebewesen, die später das Festland eroberten, tragen ihre Portion der »Ursuppe« mit sich: Das Gefäßsystem der Landpflanzen und das Blutgefäßsystem der Tiere sorgen dafür, dass auch »Landratten« nie ganz auf dem Trockenen sitzen. Zwar können zum Beispiel Pflanzensporen oder die Eier des Urzeitkrebschens Triops cancriformis jahrelange Dürreperioden überstehen. Doch – no water, no sex – für Wachstum und Fortpflanzung müssen auch sie auf feuchtere Zeiten warten.

> Das blaue Gold

Auf ausreichend Wasser angewiesen ist auch der Mensch – und hier sind die zwei bis drei Liter, die wir täglich zum Trinken und Kochen benötigen, noch das Wenigste. Etwa 70 Prozent des

Warum **Nansen** nicht **verdurstete**

Jeder, der einschlägige Abenteuerbücher gelesen hat, weiß: Schiffbrüchige, die Meerwasser trinken, kommen elendig um. Der Polarforscher Fridtjof Nansen und seine Gefährten dagegen tranken bei ihrer Expedition Richtung Nordpol Wasser aus geschmolzenem Meereis – ohne jeden Schaden. Denn beim Gefrieren trennen sich Salz und Wasser. Nansen erläutert in seinen Erinnerungen »In Nacht und Eis«: »Der über der Oberfläche des Meeres befindliche Theil des Seewassereises..., der während des Sommers den Sonnenstrahlen ausgesetzt gewesen ist, wird von dem größeren Theile seines Salzgehaltes befreit, indem die Salzlake nach und nach durch die Poren des Eises versickert; solches Eis liefert daher ausgezeichnetes Trinkwasser.«

Das »Urzeitkrebschen« Triops cancriformis legt Eier, die jahrelange Dürreperioden überstehen können. Es lebte auch schon im Trias, also vor mehr als 200 Millionen Jahren. (Foto: www.urzeitkrebse.de)

Ein Tag am Pool. Wasser im Überfluss macht „Wellness" erst möglich. (Foto: Eugen Keidel Bad, Freiburg)

In Krügen und Kanistern transportieren Bäuerinnen aus der nordäthiopischen Provinz Tigray das Wasser für den täglichen Bedarf. (Foto: dpa)

Heilsames Wasser

Im 17. Jahrhundert galt Wasser als höchst ungesund. Es könne beim Waschen über die Haut in den Körper eindringen, befürchtete auch der »Sonnenkönig« Ludwig der XIV. und kaschierte die Folgen dieser Angst mit Unmengen von Parfum und Lavendelpulver. Heute dagegen wird Wasser innerlich wie äußerlich als Heilmittel eingesetzt. So verbessert beispielsweise Kohlensäure im Wasser die Durchblutung, salzhaltige Solebäder lindern die Beschwerden bei Hautkrankheiten, oder, als feiner Sprühnebel inhaliert, bei Asthma. Und nicht zuletzt ist Wasser *das* Element der Wellness-Anhänger, die in Saunen und Whirlpools Ruhe, Entspannung und ein neues Körpergefühl suchen.

weltweit entnommenen Süßwassers verbraucht die Landwirtschaft, hauptsächlich für die Bewässerung; etwa ein Fünftel fließt in die Industrie. In den letzten hundert Jahren hat sich die Menge des Wassers, die von Menschen genutzt wird, versechsfacht. Dennoch wird weltweit nur ein Zehntel der erneuerbaren Wasservorräte angezapft. Doch das kostbare Nass ist eben höchst ungleich verteilt: Dünn besiedelte Landstriche wie Kanada oder das Amazonasbecken sind überreichlich damit gesegnet, in Nordafrika dagegen werden bereits heute 95 Prozent aller Wasser-Ressourcen genutzt.

Doch die Ungerechtigkeit der Natur ist keineswegs an allem Schuld – es mangelt vor allem am klugen und gerechten Umgang mit dem mancherorts so knappen Lebenselixier. Zwar wurden während der neunziger Jahre etwa 15 Milliarden US-Dollar jährlich investiert, um Trinkwasserversorgung und Abwassersysteme in Afrika, Asien und Lateinamerika zu verbessern. Doch fast zwei Drittel davon kamen den Städten zugute, während mehr als 80 Prozent der Menschen, die unter Wassermangel leiden, in ländlichen Gebieten leben. Es wird damit gerechnet, dass im Jahr 2020 in 50 Ländern ernster Wassermangel herrschen wird. Schon heute läuft jede auf dem Lande lebende Afrikanerin durchschnittlich sechs Kilometer am Tag, um Trinkwasser zu beschaffen.

> Stern mit Wasserspülung

Und nicht nur die Menge, auch die Qualität des Wassers lässt in vielen Ländern zu wünschen übrig: Mehr als eine Milliarde Menschen verfügt nicht über sicheres Trinkwasser, für zweiein-

Der Aufwand für die Abwasserreinigung in den Industrieländern ist hoch: mehrere mechanische und biologische Reinigungsbecken sorgen dafür, dass das Wasser am Ende unbedenklich in Flüsse und Seen geleitet werden kann. (Foto: Berliner Wasserbetriebe)

Durch Verwitterung von Pyrit extrem übersäuerter See in einem Braunkohle-Revier (Foto: UFZ – Umweltforschungszentrum Leipzig-Halle)

halb Milliarden gibt es keine hygienisch akzeptablen Abwassersysteme. Die Folgen sind bitter: Fünf Millionen Menschen sterben jährlich an Verunreinigungen und Keimen im Trinkwasser, vor allem Kinder fallen den dadurch verursachten Durchfallerkrankungen zum Opfer.

»Ich kann wenig Glanz an einem Weltreich erkennen, das zwar die Wogen regieren, aber seine Abwässer nicht beseitigen kann«, soll der britische Staatsmann Winston Churchill bemerkt haben. Eine Kritik, die auch für die Weltgemeinschaft am Beginn des 21. Jahrhunderts noch gilt – werden doch nur fünf Prozent aller Abwässer gereinigt. Die Vereinten Nationen haben auf dem Millenniums-Gipfel im Herbst 2000 ehrgeizige Ziele formuliert: Bis zum Jahr 2015 soll sich die Zahl der Menschen, die keinen Zugang zu sicherem Trinkwasser haben, von 18 Prozent der Weltbevölkerung auf 9 Prozent halbieren. Wohlgemerkt – nicht der ständig sprudelnde Wasserhahn im Haus ist damit gemeint, sondern eine Menge von 20 Litern pro Person und Tag im Umkreis von einem Kilometer. Zum Vergleich: Der Durchschnittsdeutsche verbraucht heute rund 130 Liter täglich, davon etwa fünf Liter als Trinkwasser, siebenmal so viel für die Toilettenspülung. Nur auf einen Teil der Welt trifft eben Erich Kästners Feststellung zu, die Erde sei »ein gebildeter Stern mit sehr viel Wasserspülung.«

Sauer ist nicht **lustig**

Grundwasser ist in Deutschland keine Mangelware, es wird zehnmal so viel neu gebildet wie entnommen. Probleme gibt es dennoch: Vielerorts wurden Schadstoffe wie Nitrat oder Pestizide im Grundwasser entdeckt. Besondere Gefahren entstehen durch den Braunkohle-Tagebau, denn dabei können schwefelhaltige Gesteine an die Oberfläche kommen, vor allem das Mineral Pyrit (FeS_2). In Verbindung mit Luftsauerstoff beginnt es zu verwittern. Das unwillkommene Abfallprodukt ist Schwefelsäure. Beschleunigt wird dieser Prozess durch Bakterien, die Sulfid oxidieren. Sie fühlen sich in der entstehenden sauren Brühe wohl – im Gegensatz zu den meisten anderen Organismen. Die Schwefelsäure sickert zum einen ins Grundwasser, zum anderen erschwert sie die Rekultivierung der Kohlereviere: In den neugeschaffenen Seen ist es Fischen und anderen Lebewesen oft viel zu sauer.

Das destruktive Element

»Die grosse Welle vor Kanagawa« von Katsushika Hokusai (1760-1840) stellt vermutlich einen Tsunami dar. (©Foto: The Metropolitan Museum of Art, New York)

Einen Tag lang wehte der Südsturm..., eilte dreinzublasen, die Berge ins Wasser zu tauchen« – so beginnt das Unheil in der ältesten Darstellung der Sintflut, im babylonischen Gilgamesch-Epos. Erzählungen von einer Menschen verschlingenden Flut finden sich bei vielen Völkern. Nicht nur Noah rettete sich und die Seinen in der Arche; auch Prometheus' Sohn Deukalion überlebte den Zorn des Göttervaters Jupiter in einem hölzernen Kasten, der auf den Fluten trieb, wie Ovids Verse berichten.

Neuere Forschungsergebnisse lassen es möglich erscheinen, dass die uralten Mythen auf eine reale Katastrophe zurückgehen. Fossilien zeigen, dass sich dort, wo heute das Schwarze Meer liegt, bis vor etwa 7500 Jahren ein Süßwassersee erstreckte, durch eine natürliche Landbarriere vom Mittelmeer getrennt. Als die Eiszeit endete, stieg der

»Jetzo beschloss der Vater, das frevle Geschlecht zu vertilgen unter der Flut, Platzregen vom ganzen Himmel entsendend.« Ovid, Metamorphosen 1,4

Meeresspiegel. Schließlich durchbrach das Wasser des Mittelmeers den Damm am Bosporus, das tiefer gelegene Becken des Sees füllte sich mit einer gewaltigen Flutwelle. Mit der 200fachen Kraft der Niagarafälle ist das Salzwasser hereingebrochen, der Wasserspiegel täglich um 15 Zentimeter gestiegen, ergaben Berechnungen. Den Bauern, die rings um den See gesiedelt hatten, blieb nur die Flucht – und vielleicht die kollektive Erinnerung an dieses gewaltige Naturereignis.

Die zerstörerische Kraft des Wassers ist auch heute noch eine Bedrohung, etwa wenn sich durch Erd- oder Seebeben riesige Wellen – Tsunamis – auftürmen. Anders als gewöhnliche Wellen, die vom Wind verursacht werden und stets nur die oberen Wasserschichten betreffen, reichen Tsunamis bis zum Grund. Mit einer Geschwindigkeit von mehr als 700 Stundenkilometern rasen sie über die Ozeane. Nur wenige Dezimeter hoch, sind sie auf dem offenen Meer kaum wahrnehmbar. Zu ihrer imponierenden Höhe von 50 Metern oder mehr wachsen sie erst im flachen Wasser vor der Küste – daher stammt ihr japanischer Name, der »Hafenwelle« bedeutet. Ein Netz seismischer Sensoren warnt heute im Pazifikraum vor den herannahenden Riesenwellen.

Katharina Voigt (rechts) und Mareike Aden (links) auf einer Tour mit dem Schlauchboot durch Nebel und Schnee (Fotos: M. Seemann)

Vier Schüler im Eis

Fünf Wochen lang waren die vier Schüler des Gymnasiums Ulricianum und der Berufsbildenden Schule in Aurich auf der Polarstern unterwegs. Katharina Voigt, Fadi Ramadan, Markus Seemann und Mareike Aden erkundeten im Rahmen des Projekts »Auricher Wissenschaftstage« auf diesem Forschungsschiff die Antarktis. Ein etwas anderes Schulpraktikum...

Schneeflocken und Wassertropfen spritzen in mein kaltes Gesicht und der Motor des Schlauchbootes dröhnt in meinen Ohren. Obwohl ich von Kopf bis Fuß in einen Überlebensanzug eingemummt bin, fühlen sich vor allem Zehen und Hände bereits nach wenigen Minuten merkwürdig taub an. Ein letzter Blick über die Schulter, und die Polarstern, die in beinahe majestätischer Gelassenheit in dieser Wüste aus Wasser liegt, verschwindet im Flockennebel. Seit wir vor vier Wochen in Punta Arenas an Bord gingen, ist es das erste Mal, dass wir unser Schiff wieder von außen sehen. Zugegeben – ein etwas mulmiges Gefühl macht sich in mir breit, als mir bewusst wird, die sicheren Stahlwände der Polarstern gegen ein motorisiertes Schlauchboot eingetauscht zu haben. Es soll uns zu einer amerikanischen Forschungsstation in der Admirality Bay bringen. Zusammengekauert in eine Ecke betrachte ich die hauchdünnen Eisblättchen auf dem erstaunlich türkis aussehenden Wasser und die bläulich-weiß schimmernde, haushohe Eiskante, die schließlich vor unseren Augen aus dem Nichts auftaucht. Derart versunken in den Anblick von Pinguinen und Robben, die ab und zu ihren Kopf aus dem Wasser heben, nur um sofort wieder abzutauchen, überhöre ich die Stimmen der anderen. Gesprächsfetzen wie »zu viel Nebel« und »vorbeigefahren« dringen durch den Lärm des Motors und des Fahrtwindes schließlich auch zu mir. Es hilft nichts: Wir müssen umkehren. Als ich zwanzig Minuten später mit klammen Fingern und einiger Mühe die Strickleiter hinauf zurück an Bord klettere, bin ich irgendwie erleichtert. Nicht nur, den Ausflug durch Schnee und Nebel heil überstanden zu haben, sondern auch darüber, dass der Mensch, allen Fortschritts zum Trotz, noch nicht Herr über die Antarktis und die dortigen Bedingungen geworden ist.

Mareike Aden